CALLWEY

DER NEUE
ROMANTISCHE GARTEN

Jo Thompson

CALLWEY

Inhaltsverzeichnis

EINLEITUNG

Ein eigener Garten

Gärten bleiben in Erinnerung. Ob ein kleines, weiches Stück englischer Rasen oder das trockene, federnde Gras eines Gartens in der Toskana, rau unter den Füßen und erstaunlich hart – grüne Orte, die mit einem bestimmten Moment verbunden sind, bleiben unvergesslich. Der Geist erinnert sich daran, dass überall Gänseblümchen oder Rosen standen.

Verschwommene, romantische Eindrücke von Böen und Stürmen an einer Landzunge in Cornwall, Rhododondren, die einen Hang in Dorset schmücken, oder vom unerwarteten Moment, in dem die Hintertür zu einem normannischen Hügel führt. Kindliches Staunen über die 500 Brunnen der Villa d'Este verwandelte sich nahtlos in jene jugendliche Gleichgültigkeit gegenüber Rosen und Hortensien aus dem elterlichen Garten.

Der erste Garten, den ich angelegt habe, war mein eigener, auf einem Dach in West-London. Mir war klar, dass dort oben Raum war, der das Leben in den engen Zimmern darunter aufwerten konnte. Doch wie ließ sich die Energie dieses Ortes in eine dreidimensionale Form übersetzen, wie die vage Idee einer romantischen Landschaft verwirklichen, fern von Asphalt und Pflastersteinen? Dieses Rätsel warf mich völlig aus der Bahn.

Ich wusste, ich wollte etwas Schönes, eine Überraschung, einen kleinen, einladenden Ort, an dem Freunde vorbeikommen, sich entspannen und frische Luft und Natur tanken können. Also ging ich zur nahegelegenen Gärtnerei und bat um Hilfe. Der Mann hinter dem Tresen begann zu zeichnen und als ich ihn fragte, was er da tue, antwortete er: „Ich entwerfe Ihren Garten." In diesem Moment ging mir zum ersten Mal ein Licht auf.

25 Jahre später lässt mich diese Faszination nicht los, das Potenzial eines Ortes so zu entfalten, dass er seine Besucher verzaubert. Bei einem neuen Projekt entsteht kein konkretes Bild, keine strengen Pflanzpläne grenzen den Raum ab. Und doch ist da etwas. Eine Atmosphäre, ein Gespür dafür, wie Fensterbrett, Hof, Rasenstreifen, Hauseingang, Balkon, Terrasse, Wiese oder Landschaft genutzt, geschätzt und geliebt werden könnten. Vor allem dafür, wie sie zur Kulisse für Lebensmomente und persönliche Gartenerinnerungen werden. All diese Gedanken begleiten mich, während ich zunächst versuche zu begreifen, wie sich der Garten *anfühlen* will.

Nach der Entwurfsphase folgten mühsame Bauarbeiten. Hartholzplatten wurden an windigen Tagen die Fassade hinaufgehievt, technische Fragen wollten gelöst werden. Doch bald entstand zwischen den Schornsteinen von Maida Vale ein wunderschönes Refugium. Zum ersten Mal sah ich, wie ein Ort ganz auf die Bedürfnisse eins Menschen zugeschnitten wurden. Ich war Hin und weg – und schwanger mit meinem ersten Kind – verbrachte. ich den Frühling damit, Säcke voller Kompost und Jungpflanzen fünf Stockwerke hinaufzutragen und mein kleines Paradies zu pflegen, das sowohl Rückzugsort und Ort für Gemeinschaft war. Dabei entdeckte ich eine unerwartete Freude an dieser Arbeit. Bis heute bin ich überzeugt, dass ein Platz unter freiem Himmel niemals Pflichtgefühl mit sich bringen sollte. To-do-Listen, klar: Schneiden, Jäten, Aufräumen – doch all dies verwandelt sich in Pflege, Aufbau und Befreiung. Und auf kalte Wintertage folgt im Frühjahr stets die Belohnung: ein stilles Gefühl tiefer Zufriedenheit.

Seite 6: Ein dichtes Geflecht aus Rosen in einer Ecke des Gartens der Autorin.

Seite 7, links: *Rosa* 'Ghislaine de Féligonde'.

Seite 7, rechts: *Rosa* 'Adélaïde d'Orléans'. Gegenüber: 'Adélaïde d'Orléans' ergießt sich kaskadenartig über ein Gartentor.

Verführung

Mein Garten liegt heute in einem Dorf – das Beste aus allen Welten. Der Lebensstil hier lockte mich an: nah genug an den Nachbarn, ein kurzer Weg zum Gemüseladen, Felder und Seen für lange und kurze Runden mit dem Hund. Dazu das Läuten der Kirchenglocken aus dem 18. Jahrhundert, gegossen von Thomas Janaway, und ein noch älterer Friedhof, auf dem Schafe grasen. Diese Romantik im eigenen Garten weiterzuerzählen war der nächste Schritt. Die Recherche fällt leicht: Jeder Tag ist eine Ortsstudie. Heckenpflanzen, Stimmungen und ein feines Gespür für das, was sich *richtig* anfühlt, prägen sich ein – und machen es nahezu *unmöglich*, den Charakter dieses Ortes zu verfehlen.

Den Ort zu respektieren und diesen Respekt tatsächlich umzusetzen, sind zwei verschiedene Dinge. Immer dann, wenn ein pastellfarbener Hof in der Provence oder jenes Majorelle-Blau, dessen Intensität nur unter marokkanischem Himmel richtig zur Geltung kommt, als Inspiration in einem gemäßigten Klima lockt, sollte man sich selbst an die Hand nehmen und einen kurzen Spaziergang machen, um zu prüfen, wie sich alles anfühlt, wenn man wieder zu Hause ankommt. Trägt diese Farbe unter grauem britischen Himmel? Überlebt exotischer Marmor endlosen Frost? Ich bin immer optimistisch und weise Wünsche nie direkt zurück. Stattdessen prüfe ich sie, taste mich heran und durchdenke sie, bis wir zu dem *Gefühl* im Kern des Wunsches vordringen. Nicht selten beginnen diese Gespräche bei einer Tasse Tee. Manche dauern bis heute an: Gärten wachsen, verändern sich, und aus diesem gemeinsamen Prozess entsteht Vertrauen, manchmal sogar Freundschaft. Dazu gehören lebhafte Diskussionen ebenso wie ratloses Kopfkratzen über Pflanzen, die sich trotz aller Erfahrung widersetzen. Versuchsbeete, Bücher, Experten – und die ehrliche Erkenntnis, dass Pflanzen mitunter selbst entscheiden. Ein Garten bleibt nie im selben Zustand und das Gespräch, das ihn begleitet, entfaltet sich mit ihm weiter, während wir die Veränderungen beobachten, die Wachstumsschübe und das Zögern, wenn der Garten von Extremwetterereignissen getroffen wird und anschließend wieder auflebt.

Bei einer Tasse Tee beginnt alles. Wir lernen einander kennen, ich verstehe, was der Garten leisten soll, doch noch wichtiger: Ich lerne den Besitzer des Gartens kennen. Ideen dürfen sich entfalten, Reaktionen reifen. Ich schlage behutsam Lösungen vor, veranschauliche sie mit Bildern und Worten, zwinge jedoch nichts auf, das sich nicht stimmig anfühlt. Am Ende soll niemand Jahre später auf eine Ecke blicken, von der er schon immer wusste, dass sie ihm weder gefallen noch nützen würde und dabei denkt: „Diese blöde Gartendesignerin". Gärten, die aus dem Fundament einer entstehenden Freundschaft hervorgehen, sind die erfüllendsten Orte.

Es ist keineswegs schwer, einen Ort zu schaffen, der beidem gerecht wird. Ultramarinblaue Wände und helle, weich geschliffene Steinböden sind oft Erinnerungen an einen schönen Urlaub, warmes Wetter, Familie, köstliches Essen, neue Freunde, Schnappschüsse, Lachen und entspannte Tage, die sanft in ebenso entspannte Abende übergehen. All diese Gefühle lassen sich aus einer fremden Sprache in die Grundlage eines neuen Gartens zu Hause übersetzen, der dabei zur besten und ehrlichsten Version seiner selbst wird.

Gegenüber: Eine meiner liebsten Ramblerrosen, *Rosa* 'Adélaïde d'Orléans', mit ihren herabfallenden, üppigen Blütenkaskaden – ideal für Pergolen und Bögen.

Auf der folgenden Seite: Die Romantik der Rose ist ungebrochen. Von links nach rechts: *R.* 'Port Sunlight' (= 'Auslofty'), *R.* 'Ispahan' und *R.* 'Munstead Wood' (= 'Ausbernard').

Echtheit

Dort, wo mein Cottage steht, lag einst der Hof eines Steinmetzes. Der Boden gleicht noch heute einem kleinen Steinbruch, und wenn wir alte Brocken freilegen, werden sie Teil des Gartens. Sandstein findet sich in neu interpretierten Steingärten wieder, ein mächtiges Stück Yorkstone zieht sich heute quer über den Weg. Der ursprüngliche Teil des Hauses hat steinerne Feuerstellen, viel zu groß für die kleinen Räume – das Thema setzt sich im Inneren fort. Wie bei einem Geliebten spürt man instinktiv, ob sich ein Garten authentisch und verlässlich anfühlt.

Als ich zum ersten Mal hier ankam, gab es keinen Garten im eigentlichen Sinn, nur eine grasige Einfahrt mit kahlen Zäunen und seltsamen Rankgittern an Stellen, an denen offenbar Privatsphäre gebraucht wurde. Mauern hielten das höhere Gartenniveau und erzeugten merkwürdige Diagonalen, die ein geschwungener Weg entlang der Mittelachse wieder auflöste, optimistisch gesäumt von Lavendel auf schwerem Wealden-Lehm. Nichts schien zueinander zu passen. Und doch erkannte ich, der Garten liegt an einem *schönen* Ort. Diesen wollte ich nicht verbergen sondern betonen. Der Blick nach Osten ist der schönste, er bestimmt diesen Garten. Die Kirche mit ihrem Grundriss aus dem 12. Jahrhundert bildet einen stillen Schwerpunkte. Wie haben die Menschen hier gelebt? Was haben sie angebaut? Was ist hier geschehen? Diese Fragen verbinden sich mit meiner Vorstellung eines Gartens voller Sanftheit, den Sonnenaufgang einfangend, ein Ort, an dem Pflanzen wachsen und sich verweben dürfen. Vielleicht kenne ich die konkrete Geschichte dieses Grundstücks nicht. Doch ich bin von ihr umgeben, und aus ihr entsteht alles Weitere. Eine alte, schlecht geschnittene Blutbuche östlich des hässlichsten aller Zäune betrachtete ich wohlwollend. Ich wusste, dass die Sonne hinter ihren Blättern aufgehen und zugleich die Kirchturmspitze erfassen würde – ein doppelter Gewinn. Doch wie ließ sich der Blick von einem langweiligen Zaun ablenken? Wenn er sich nicht verbergen ließ, musste im Vordergrund etwas entstehen, das den Blick stärker fesselt. Dies war der Anstoß, mich umzusehen und zu beobachten, was jenseits meines Zauns geschah.

Einfache Wesen wie wir denken in die Richtung, in die unser Blick fällt. Wenn wir Unschönes nicht direkt sehen, beschäftigt es uns kaum.Ein Sichtschutz, um etwas zu verbergen, ist daher nicht immer die beste Lösung, wenn er lediglich bewirkt, dass wir uns fragen, was dahintersteckt. Häufig wirkt es überzeugender, das Umfeld so anziehend zu gestalten, dass der Blick verweilt und sanft in eine andere Richtung gelenkt wird.

Gegenüber: *Rosa* 'Munstead Wood' (= 'Ausbernard') (links) und *R.* 'Bobbie James' (rechts) sind nur zwei der vielen Rosen in meinem eigenen Cottage Garten im Herzen von Sussex.

Tiefe

Schichten verleihen einem Garten Tiefe, Komplexität und Anziehungskraft und lenken zugleich den Blick. In einem kleinen Landgarten gibt das Vertraute die Richtung vor. Glas und Stahl haben hier keinen Platz: Kastanie, Eiche und Ton bilden das Gerüst für grüne Ebenen. Gesucht war eine starke Grundstruktur, die während der Vegetationsmonate hinter üppigem Grün und markanten Blüten zurücktritt.

Die weniger gelungenen Schichten – widersprüchliche Diagonalen und Kurven, die sich gegenseitig widersprachen – mussten zuerst weichen. Damit gab ich auch die etablierte, wenn auch unbequeme Lauflinie auf, die sonst aus reiner Zweckmäßigkeit bestand. Der Weg zur Haustür wurde neu geführt, bewusst verlängert und direkt am unschönen Zaun entlanggelegt. Das erscheint zunächst unlogisch, da der Weg oft nasser und kälter ist, also musste er zu einem werden, den man gerne nimmt.

Wenn ein Weg einladend und leicht zu begehen ist und das Ziel verlockend wirkt, nimmt man ihn gerne. Eigentlich ganz selbstverständlich. Doch wie erreicht man das? Meine Antwort – hier wie so oft – waren Rosen. Überall Rosen: vertikal, horizontal, wo immer sie Platz fanden. Entlang des Zauns entdeckte ich drei Rambler-Rosen 'Bobbie James' mit denen ich arbeiten wollte. Um ihnen Halt zu geben, errichtete ich entlang des neuen Weges eine Kastanienpergola. Berankt von Kletterpflanzen führt sie durch einen Laubtunnel, dessen Ende sich nie ganz vorhersehen lässt, da immergrüne Sträucher die Lücken zwischen den Holzpfosten füllen. Man geht ein wenig länger, doch wenn man im Juni mit Blütenkonfetti bedeckt heraustritt, weiß man, dass sich der Weg gelohnt hat.

Diese Holzkonstruktion bildet die gesamte Architektur meines Gartens. Mehr braucht es nicht – kein teures Gartenhaus, keine elegante Terrasse. Nur ein Weg - mal voller Blüten, mal voller Laub - der sich unter den Dächern ausbreitet, die die hinteren Schichten des Gartens bilden.

Rausch

Da der Garten eines Gartendesigners zwangsläufig ein Ort des Experimentierens und Beobachtens ist, habe ich mir eine eigene Pflanzenbibliothek angelegt, auf die ich zurückgreifen kann, wenn ich andere Gärten begleite. Es ist eine persönliche Fachsammlung von Pflanzen, die ich liebe, weil mich ihre Farbe, Form oder Duft berührt haben. Sie machen mich glücklich, und und dieses erfüllende Gefühl, etwas Gepflanztes wachsen und Teil einer Atmosphäre werden zu sehen, möchte ich weitergeben. Jede Pflanze sollte ein Detail besitzen, in das man sich verliebt. Alles, was zu pflegeintensiv ist, verschenke ich ehrlicherweise an Freunde. Nur was sich bewährt, kann ich guten Gewissens meinen Kunden weiterempfehlen.

Ganz wie bei den Kindern des Schusters, die ohne Schuhe bleiben, musste ich akzeptieren, dass auch meine vielen Pflanzenkinder nur selten feste, dauerhafte Beete finden. Sobald mir jedoch klar wurde, dass mein Garten sich stärker verändern musste als die meisten, hatte ich mein Ziel erreicht: ein romantischer Ort mit ständig wechselnder Bepflanzung an den unwahrscheinlichsten Stellen.

Erinnerung und Nostalgie geben in diesem Cottagegarten den Ton an und entscheiden, was hier wächst und was seinen Weg in andere Gärten findet: märchenhafte Rosen und Akeleien wirken, als seien sie immer schon hier gewesen. Abgesehen von den Dornen bleibt alles weich und frei, denn die Pflanzen dürfen selbst entscheiden, wohin sie sich ausbreiten. Iris schieben sich zufrieden in den Schatten der Strauchrosen, diese wiederum klettern ins Halbdunkel der Bäume – ein fröhliches Regelbrechen. Pflanzen haben ihren Platz und überraschen doch immer wieder. In den Beeten herrscht Toleranz.

Die „No-Dig"-Methode war schon immer mein Ansatz – wer umgräbt, lädt das Unkraut ein. (Die schlichte Wahrheit lautet, dass kaum Zeit für stundenlange Pflege bleibt, und wenn sich eine Abkürzung abzeichnet, nehme ich sie.) Jedes Jahr kommt daher eine dünne Schicht Kompost hinzu. Zwiebeln pflanze ich nicht ein, sondern lege sie auf den harten Winterboden und bedecke sie mit Kompost. (Ich muss zugeben, dass das gelegentlich zu ziemlich schiefen Tulpen führt – das Risiko liegt bei Ihnen.) Chemikalien verwende ich nicht, aus dem einfachen Grund, dass ich sie weder einatmen noch berühren möchte. Das möchte ich auch keinem anderen Lebewesen zumuten. Schnecken wittern darin ihre Chance, doch es gibt vier Verteidigungslinien: Wollpellets, Kupferband und Kupfergitter an Hochbeeten und Töpfen und – ich gestehe – es, nicht ganz ohne altbewährte Hausmittel wie Bier und eine gelegentliche Prise Salz.

Ziergräser haben ihren Platz, wenn sie ihn verdienen. Alles, was zu ausgefallen aussieht (etwa Miscanthus), bleibt außen vor. Stattdessen bevorzuge ich Pflanzen, die wie ein Schleier wirken: *Molinia caerulea* Unterart 'Transparent' ist, wie der Name schon sagt, durchsichtig, *Sporobolus heterolepsis* bildet einen niedrigen Schleier und die weichen Federbüschel von *Calamagrostis brachytricha* bringen herbstliche Zuversicht. Drei große *Stipa gigantea* wiegen sich zwischen englischen Rosen. Jedes Jahr drohe ich, sie zu entfernen, weil ihre abgebrochenen Halme ständig nach der Schere verlangen. Und jedes Jahr dürfen sie bleiben, weil die Riesenhafer einfach perfekt zu den üppigen Rosen passen.

Wiesen voller Blumenzwiebeln sowie Eimer mit Tulpen und Hyazinthen erhellen die grauen Tage des Frühlings.

In dieser wilden Gartenecke versammeln sich im Sommer Schmetterlinge und Bienen in der üppigen Pflanzung von Sommerflieder, während auf niedrigerer Ebene Igel und Kröten im bewusst unaufgeräumten Bewuchs Zuflucht finden.

Freundschaft

Einer der großen Reize des Gärtnerns liegt im Kennenlernen und Verstehen der Pflanzen, im Gespräch über sie – und ja, gelegentlich auch mit ihnen – und darin, Gleichgesinnte zu finden. Menschen, die es gutheißen, dass Rosen über die Fenster wachsen, dass sie wie eine Tapete aussehen. Menschen, die trödeln und ihre Tulpen noch immer nicht gesetzt haben, obwohl es *Januar* ist. Menschen, die überzeugt sind, dass Stiefmütterchen Gesichter haben und Fingerhüte Feenröcke sind.

Dieser Garten ist voller Blumenfreunde: die Pflanzen selbst. Jede einzelne liegt mir am Herzen, abgesehen vom Ackerwind-Trieb, dessen scheinbar harmlose Triebe plötzlich loslegen und dem ich entschieden widerspreche. Die Namen der Rosen wecken romantische Geschichten; ich lobe ihre Schönheit und bewundere ihren Mut, wenn sie im Oktober überraschend erneut blühen. Ich tröste sie, wenn Sommerregen sorgsam aufgebaute Knospen zerstört, erinnere sie an ihre Widerstandskraft und verspreche, dass die Blattläuse bald verschwinden. Und tatsächlich lösen sie sich oft über Nacht auf, sobald junge Blaumeisen ihre Flügel trainieren und wie lebendige Tupfer zwischen den perlmuttfarbenen Kugeln von *Rosa* 'The Lark Ascending' (= 'Ausursula') schimmern, die direkt vor meinem Küchenfenster steht.

Die Rosen rund um die Frühstücksterrasse sind gute Gefährtinnen – für mich und füreinander. Ende Mai kündigen sie sich an: 'Falstaff' (= 'Ausverse') in tiefem Rot, 'Munstead Wood' (= 'Ausbernard') ebenso und doch anders, bewusst gesetzt neben der pfirsichfarbenen 'Port Sunlight' (= 'Auslofty') und der rosanen 'Ispahan.' Sie verschmelzen mit dem riesigen Hafergras, das drei Lücken in dieser hohe Rosenhecke schafft: eine Hecke, die das obere Niveau sichert und zugleich als Hochbeet dient, das Duft und Farbe auf Nasenhöhe bringt.

Direkt dahinter erklimmt *Rosa* 'Blush Noisette' Türhöhe: weiter muss sie hier nicht wachsen, denn die ziegelverkleidete Wand des oberen Stockwerks lässt keine Kletterpflanze zu. Bis Weihnachten treibt sie Blüten und hätte für diese Ausdauer eine Medaille verdient. Zu ihren Füßen entfaltet *Geranium* 'Catherine Deneuve' anmutige, schlanke Eleganz, während sie sich durch den Goldlack schlängelt, begleitet von ihrer stattlicheren, zugleich geselligeren Freundin, *Geranium* 'Rozanne' der ersten Storchschnabeldame auf diesem Fest und oft die letzte, die geht.

Rosa 'Meg' klettert neben der Tür empor. Inspiriert von ihrer Farbpracht vor der Kulisse in Sissinghurst legte ich meine Skepsis gegenüber modernen Kletterrosen ab und holte sie zu mir. Für das kleine Cottage wächst sie eigentlich zu hoch, viele Triebe müssen zurückgeschnitten werden – doch sie verzeiht es großmütig. Als Ausgleich dürfen ihre rosig-orangen Blüten zu birnenförmigen Hagebutten reifen, deren Farbe die frühen Tulpen darunter aufgreift

Jede Tulpe ist meine liebste – ohne schlechtes Gewissen wechselt der Favorit. Früh-, Mittel- und Spätblüher (je nach Sorte) wandern gemächlich oder hastig durch den Garten, verändern sich jedes Jahr, während ich neue Farbpaletten erprobe und unbekannte Schönheiten entdecke. Da Tulpen vergleichsweise günstig sind, ziehen die Saisonzwiebeln später ins Gemüsegärtchen um. Dort blühen die Ausdauernden erneut, färben die Beete, bevor ihre Stiele ins Haus wandern. Nachhaltigkeit, nichts zu vergeuden, bildet den Kern des Ganzen.

Eine der Freuden beim Pflanzen von Tulpen liegt in der Vielfalt an Stimmungen und Wirkungen, die sich durch unterschiedliche Farbkonzepte erzielen lassen.

Stimmungslicht

Farben, Töne, Nuancen – was ich in einer Blüte sehe und andere sehen, hängt vom Standpunkt ab. Erst wer eine Pflanze selbst gezogen hat, kennt ihr wahres Farbverhalten. Unterschiedliches Licht verändert alles, im Garten wie im romantischen Restaurant. In diesem Garten wechseln Astern je nach Standort die Farbe: Unter der Silberbirke funkeln sie einzeln, an helleren Stellen verschmelzen die Blüten zu einer großen Masse.

Die Gräser stehen dort, wo sie das Licht einfangen. Flüchtige Sommerblitze spielen über den Blüten, lassen ihren Farbton changieren und schaffen eine eigene, sanfte Farbpalette. Ihre Höhe verbannt sie nicht in die hinteren Reihen; in einem Cottage Garten lockert es die Stimmung, wenn Gräser nach vorn rücken und der Lauf der Sonne durch das Beet spürbar wird. Hier sind die *Stipa gigantea* so gesetzt, dass sie die frühen Strahlen aus dem Osten einfangen, sobald die Sonne hinter dem nun unsichtbaren Zaun hervortritt.

Annäherung

Ein Teil der Romantik liegt darin, der Natur Raum zu lassen, Beziehungen selbst zu entwickeln – zwischen Menschen, Pflanzen und zwischen Pflanzen und Menschen. Gepflegte Ordnung hat ihren Platz, aber nicht in diesem Garten. Nicht in einem Dorf, dessen verwunschene Wege von jahrhundertelangem Wandel erzählen. Abgesehen davon, dass die Beete als Versuchsfelder für Geselligkeit und Ausdruck dienen, während sich die Arten gegenseitig umwerben, muss ich akzeptieren, was für eine Gärtnerin ich bin: etwas schönwetterabhängig und mit zu wenig Zeit. In Verbindung mit dem Wunsch, möglichst viele Pflanzen auf engem Raum zu vereinen, ohne strenge Regeln, entsteht daraus dieser entspannte Stil.

Seit ich gärtnere, prägt dieser Ansatz meine Pflanzweise, und das passt zu mir. „Modischen" Pflanzen laufe ich kaum hinterher; meine kleine Rebellion besteht darin, das Unmoderne zu verteidigen. Dahlien züchte ich seit Jahren und ebenso lange bemühe ich mich, andere davon zu überzeugen, dass Hortensien genau das sind, was ein Garten braucht. Und was spricht gegen *Euonymus fortunei* 'Emerald Gaiety'? In einem Garten hellt er eine Stelle auf, die sonst kaum zu bepflanzen wäre. Ich möchte, dass Pflanzen sich wohlfühlen, dass sie kriechen und klettern, wo sie eigentlich nicht sollten und es doch tun. In einem großen Beet bilden *Rosa* 'Mary Rose', 'Eglantyne' und 'Gentle Hermione' eine rosige Struktur vor drei Strauchpfingstrosen, die noch nicht geblüht haben. Geduldig bewundere ich ihre Blätter, lasse mich dann aber von den schönen Kelchen der 'Gentle Hermione' ablenken. Nach dem ersten Rosen-Flush, wenn *Iris* 'Jane Phillips' und *Papaver* 'Patty's Plum' verblüht sind, übernehmen Wasserdost und *Ammi majus* Höhe, je nachdem, welcher Storchschnabel gerade den Platz für sich behauptet.

Ich überlasse Pflanzen den Raum, sich selbst zu behaupten. Durch weniger Kontrolle entwickelt sich jedes Jahr ein eigener Ausdruck, eine eigene Atmosphäre, denn je nach Wetter gedeiht mal die eine, mal die andere Pflanze. In warmen, feuchten Sommern treiben Hortensien riesige Rispen, während die Rosen noch zögern. In sengender Hitze zweifelt der Wasserdost an sich selbst und stattdessen übernehmen die Kosmeen das Kommando.

Die Rosen überwuchern den zum Glück großzügigen Weg. 'Adelaide d'Orléans' und 'Félicité-Perpétue' werden von weiteren begleitet, die ich zuvor kaum kannte. 'The Albrighton Rambler' (= 'Ausmobile') erweist sich als Glücksgriff, klettert unermüdlich und blüht bis zum Saisonende in Rosa. Eine dunklere Ecke überrascht mich jedes Jahr aufs Neue. Dort blüht 'Snow Goose' (= 'Auspom') im Schatten der Blutbuche richtig auf. Ihre Triebe wickle ich um einen Holzpfosten – Ranken, aus denen auf Augenhöhe kleine rosa und cremefarbene Knospen entstehen, mit Blüten bis in den November. Dahinter wächst eine Clematis, deren Name mir entfallen ist und deren Etikett längst verloren ging. Seit sieben Jahren blüht sie nicht, wahrscheinlich wegen der miesen Bedingungen. Und doch gefällt sie mir, wie sie emporklettert, sich in Ästen verfängt und schließlich über immergrünen Farnen im Steingarten baumelt.

Der Garten nimmt es gelassen. Der Rasen besteht aus Klee – weniger Mähen, mehr Bienen. Löwenzahn und Ruprechtskraut werden toleriert. *Erigeron karvinskianus* sät sich selbst aus, ebenso *Briza media*, einst mit einem zitternden Blütenkopf im Topf eingezogen und inzwischen in jedem erreichbaren Winkel präsent. Im Winter ziehe ich sie heraus, wenn ihre Halme stumpf wirken, wohl wissend, dass sie im Frühjahr zurückkehrt. Auch *Verbena bonariensis* zeigt sich ausdauernd selbstaussäend, während Fenchel trotz aller Ermunterung widerspenstig bleibt. Da ist noch Luft nach oben.

Neugierde

Ein Außenbereich sollte sich langsam entfalten, mit einer Prise Neugier. In der Romantik hält das Unbekannte unser Interesse lebendig. Wohin führt mich dieser Weg? Warum? Wie wird es dort sein? Bleibe ich, gehe ich weiter, und fühlt sich der Weg leicht an? Wird sich am Ende alles gelohnt haben? All das gehört zur Atmosphäre eines romantischen Ortes, zu dem Gespür für das, was er war und was er werden kann. Genau das gilt es von Anfang an richtig zu planen.

Wir sind beeinflussbar – was wir einmal gesehen haben, erkennen wir wieder und verknüpfen es miteinander. Eine Art Punkt-zu-Punkt-Spiel für Erwachsene. Wir sind erleichtert, weil diese gedanklichen Markierungen uns leiten. Ein paar Töpfe rahmen die Haustür, ein weiterer an der Seite weist den Weg zu einer zweiten.

In dieser Pflanzenfülle übernehmen die Rosen, die sich ins Blickfeld schieben und den Pfad entlang führen bis hinab zum Hauseingang. Strenges Formschnittgrün erschien mir hier unpassend. Geschorene Buche oder Eibe mit Formschnitt hätten funktionieren können – doch für diesen kleinen Garten wäre das zu viel gewesen, leicht protzig sogar. Also schaue ich immer wieder hinaus, darüber hinweg und frage mich, was sich richtig anfühlt. So einfach ist mein Ansatz.

Verbindlichkeit

Ob Landschaft im Sinne von Humphre Reptons oder moderne Stadtszenen auf kleinstem Raum – das Besondere an Gärten ist, dass sie leben. Steine und Ziegel bleiben, wie sie gesetzt wurden, doch selbst die historischsten Anlagen verändern sich, wenn manches wächst und anderes vergeht. Ebenso wandelt sich unsere Beziehung zu einem Garten mit der Zeit. Deshalb geht es beim Anlegen oder Renovieren nicht darum, Vergangenes festzuschreiben, sondern eine Essenz einzufangen, das Gewesene zu respektieren, weiterzuentwickeln und etwas von unserer Zeit hinzuzufügen.

Oft zeigt sich, dass weniger gestaltete Elemente mehr bewirken. So abgedroschen es vielleicht klingen mag, doch Alexander Popes Leitsatz *„consult the genius of the place in all"*, gehört zu den klügsten Grundsätzen der Landschaftsgestaltung. Mein kleines Arbeitercottage hätte kaum je Anlass geboten, die streng geschnittenen Eiben des benachbarten Pfarrhauses zu beherbergen. Wahrscheinlicher wäre ein Ort für den Gemüseanbau gewesen, vielleicht ergänzt um einige Blumen zur Zierde. Doch daraus folgt keine Pflicht zur Kopie. Kein Garten muss ein Abziehbild sein, kein georgianischer Cottage Garten nachgestellt wirken. Er muss nicht so aussehen, als sei er immer schon da gewesen. Aber so, als *gehöre* er *heute genau an diesen Ort.*

Also schaue ich noch einmal genauer hin. Betrachte Dächer, Kirche und Bäume. Ich lasse mich auf den Ort ein, sammle seine Atmosphäre und denke darüber nach, wer und was hier war, was folgen wird – und wie sich all jene behutsam dazu verführen lassen, ein wenig länger zu bleiben.

Auf der folgenden Seite: Eine schlichte Kombination aus *Allium* und *Camassia* sorgt im späten Frühjahr für heitere Farbakzente.

Die Gärten

HISTORISCHES ANWESEN IN KENT

Eine geduldige Intervention

Dieses Paar aus Staudenrabatten wirkte beim ersten Anblick großartig – ironisch, bedenkt man, dass ich engagiert worden war, sie für ein neues Jahrhundert zu beleben. Viel von ihrer Wirkung verdanken sie dem Maßstab. Die Beete ziehen sich entlang einer Allee von Norden nach Süden, auf der einen Seite ein Arboretum, auf der anderen ein edwardianischer Rosengarten. Die vor 100 Jahren angelegte Struktur war noch immer spürbar: Kamelien, Styrax, Magnolien, Azara und Azaleen. Besondere, eigenwillige Exemplare zeigten, dass hier einst jemand mit großer Hingabe gegärtnert hatte. Das stellte mich vor eine interessante Herausforderung und zugleich machte es mich demütig. Denn unabhängig von meinen Eingriffen würde ich nur eine vorübergehende Rolle in der fortlaufenden Geschichte dieses Gartens spielen. Er wird sich nach mir weiter verändern. Natürlich, es ist ja ein lebendiger Garten.

An einem Ort mit so viel Geschichte suche ich zunächst nach Fragmenten und Erzählungen, nach Spuren der ursprünglichen Idee. Ich lausche den Geheimnissen, die mir die verbliebenen Pflanzen zuflüstern. Magnolien ragten noch immer entlang der Beetgrenzen auf, allen voran *Magnolia campbellii* 'Betty Jessel' mit schieferdunklen Knospen und Blüten in intensivem Karmin und Rubin. Überwachsene Sträucher und Farbe, durchsetzt mit Grün und aufblitzenden Blütenblättern, legten einen rosigen Schleier über die Beete, der sich stellenweise zu tiefem Weinrot verdichtete. Mir wurde klar, diese Beete kein Verstecken kannten. Wer sie einst anlegte, führte klugerweise auch an ihren Rückseiten Wege entlang, sodass sie aus jedem Blickwinkel erfahrbar bleiben.

Bei Recherchen in Archiven, Kartons und im Netz stieß ich auf faszinierende Details zu den

Es war an der Zeit, diese tiefen Rabatten behutsam ins 21. Jahrhundert zu führen – mit Respekt für das, was und wer ihnen vorausgegangen war. Eine schlichte Kombination aus Stauden schafft einen fließenden Farbteppich, während ein geschnittener Berberitzenstrauch dem Hintergrund klare Struktur verleiht.

Oben: *Magnolia campbellii* 'Betty Jessel'.

Oben: *Rosa* 'Mary Rose' (= 'Ausmary').

Gegenüber: *Cirsium rivulare* 'Atropurpureum' verleiht der Rabatte Höhe und eine informelle Struktur.

Auf der folgenden Seite: Traditionelle Stauden fühlen sich in einem kleinen Cottage Garten ebenso zu Hause wie in dieser großzügigen Anlage. Die aufstrebenden Blütenkerzen von *Digitalis*, *Campanula* und *Delphinium* setzen einen ruhigen Gegenpol zur runden Form der Rosenblüten.

ursprünglichen Gartenplänen der Familie Jessel. So fand ich einen Bericht über jene majestätische Magnolie, dem zufolge sie als Sämling von Sir George Jessel 1937 aus den Lloyd Botanic Gardens in Darjeeling geholt wurde. In den 1950er-Jahren gepflanzt, erhielt sie 1967 den Namen seiner Frau. Wie auch immer ihre genaue Herkunft gewesen sein mag, die familiäre Verbundenheit machte klar, dass sie im modernen Garten einen Ehrenplatz braucht. Mit etwas Glück stößt man zudem auf alte Karten des Ordnance Survey, gezeichnet von einem Kartografen mit besonderem Faible für Gärten. Ich verbringe viel Zeit mit alten Karten und bin überzeugt, dass ihr Detailgrad oft den Interessen des jeweiligen Zeichners folgt. Manche zeigen kaum mehr als Umrisse, andere wirken wie für die Nachwelt geschaffen. Solche kleinen historischen Schätze freizulegen sollte der erste Schritt sein, wenn man einen Garten mit Geschichte neu denkt.

Glücklich ist, wer Tagebucheinträge über ein Gartenereignis von vor 100 Jahren findet – romantische Episoden begegnen einem meist eher in Romanen. Mitunter haben sich Archive erhalten, und man kann fröhliche Tage damit verbringen, Briefe und Skizzenbücher zu durchstöbern. Häufiger bleibt die Geschichte eines Gartens allerdings der Fantasie überlassen. Die Stunden, die man damit verbringt, einen Ort kennenzulernen, formen eigene Erzählungen im Kopf. Diesen lassen sich Wendungen und Details hinzufügen. Die Figuren der Gartengestaltung sind Bäume und Pflanzen, aber sie besitzen genauso viel Persönlichkeit wie die Helden und Schurken der Literatur.

Ich stelle mir gern vor, wie Menschen früherer Generationen entlang dieser Grenze gingen. Ob jemand genau hier stand und das Wachstum eines selbst gepflanzten Baumes bewunderte? Ob es hier vielleicht sogar eine heimliche Verabredung gab, als alles in Duft und Blüte stand? Ich sehe Kinder von damals, heute längst erwachsen, über die weite Wiese laufen. Dichte und Form, Romantik, Licht und Schatten, Bewegung und markante Blüten fügen sich zu einer Kulisse zusammen, die unser Verhalten lenkt. Zu verstehen, wie all diese Elemente zusammenspielen, heißt zu begreifen, was ein Ort ist und was er sein kann. Auch wenn das vage klingen mag.

Es erschließt sich, sobald man sich die Zeit nimmt, die Essenz eines Gartens in sich aufzunehmen. Ich hatte das Glück, eine weitere Karte aus den 1870er-Jahren zu finden, auf der die Beete bemerkenswert sorgfältig dokumentiert waren. Entscheidend war die Erkenntnis, dass diese Beete seit langer Zeit bestehen – lange genug, um untrennbar zum Grundstück zu gehören. Die vorgefundenen Pflanzen zeigten deutlich; hier war ein echter Gartenliebhaber am Werk. In einem *Country Life*-Artikel von 1957 schrieb Christopher Lloyd, viele der besonderen Pflanzen und die Gestaltung der Ausblicke seien William Goldring zu verdanken, den er als „berühmten Designer der edwardianischen Zeit" bezeichnete. Fotografien belegen zudem, dass zahlreiche Bäume bereits 1904 an ihrem Platz standen. Davor lag eine niedrige, flach gehaltene Staudenpflanzung vor einer mittelhohen Strauchschicht – ganz dem Zeitgeist entsprechend. Dieser Garten ist das Ergebnis generationsübergreifender Hingabe. Das steht außer Frage.

Nun war es an der Zeit, die Beete behutsam ins 21. Jahrhundert zu führen – mit Respekt vor all jenen, die hier zuvor gewirkt hatten. Ich musste die leisen Hinweise des Gartens ebenso ernst nehmen wie die Spuren der Menschen, die ihn über Jahrzehnte geliebt haben. Sie hätten mich ohnehin nicht in Ruhe gelassen.

Links: *Allium* 'Mt. Everest' sowie *Rosa* 'Mary Rose' (= 'Ausmary') und *R.* 'Gertrude Jekyll' (= 'Ausbord') fangen an diesem halbschattigen Standort das Licht ein.

Oben, links: Reifen aus rostigem Stahl dienen im Sommer als Pflanzenstützen und verleihen dem Garten im Winter eine skulpturale Struktur.

Oben, rechts: Weiter vorne in der Rabatte gepflanzte Delphinien bilden einen hohen, durchlässigen Schleier, durch den sich die übrige Bepflanzung erahnen lässt.

Es war an der Zeit, diese Beete behutsam weiterzuentwickeln – mit Respekt vor allem, was ihnen vorausgegangen war.

Die äußeren Ränder des Beetes zeigten eine überzeugende senkrechte Pracht und durften, nach ein bisschen Zurechtrücken und Jäten, bleiben. Man muss Sträucher lieben. Blühende, immergrüne – eigentlich alle. In den letzten 25 Jahren haben sie viel ertragen müssen. Von modischen Ziergräsern mit spitzen Ellenbogen verdrängt, harrten sie geduldig aus, ähnlich einem Colefax&Fowler-Blümchenstoff. Inzwischen sind sie zurück, ebenso wie Chintz, und wieder als Grundgerüst guter Gestaltung anerkannt. Rosen, gefolgt von Hortensien, bilden das Rückgrat vieler Gärten, an denen ich arbeite, und auch hier waren sie unverzichtbar. Denn ehrlich: Kann man sich trendiges *Panicum* und *Calamagrostis* vor dieser großartigen Strauchkulisse vorstellen? Am richtigen Ort wunderbar, hier jedoch fehl am Platz. Nahe der Stufen am Eingang stand eine Gruppe völlig überwucherter, widerspenstiger Sträucher. Außer Kontrolle geraten, langbeinig, ein wirrer Mix aus *Berberis*, *Euonymus* und *Pittosporum* – unordentlich und nervig. Der einfache Weg wäre gewesen, sie durch schicke neue Kugeln zu ersetzen.

Ich dachte darüber nach. Und dann fiel der Groschen: Warum diese zotteligen Gestalten nicht formen, sie behutsam in klare, ruhige Kugeln verwandeln? Zumindest ein Versuch war es wert. Wo immer möglich, arbeite ich, nach einer ehrlichen Bestandsaufnahme, mit dem, was bereits da ist. Radikales Zurückschneiden oder gar Roden bleibt stets die letzte Option.

Daraus entstand fast sofort Struktur. Eine Struktur, die seit der ersten bewussten Bepflanzung vorhanden gewesen war, verborgen unter Jahren mangelnder Pflege, und nun darauf wartete, freigelegt zu werden.So sehr wir uns einen ungezwungenen

Gegenüber: Die aufrechten Linien der Pflanzenstängel werden von den in der Rabatte verteilten Stahlstäben aufgegriffen.

Rechts: Vorhandene Bäume und Sträucher lieferten das Gerüst für die Wiederherstellung dieser historischen Rabatten.

Garten ohne große Regeln wünschen – ohne elterliche Aufmerksamkeit gerät er aus dem Gleichgewicht. Durch sorgfältiges Schneiden, Kürzen und erneutes Herangehen formten sich große Kugeln aus Grün, Weiß und Lila. Sie lenken den Blick, entspannen die Perspektiven und bilden notwendige Gegengewichte zur üppigen, beinahe verschwenderischen Lockerheit an anderer Stelle. Ich spielte kurz mit dem Gedanken, das tiefe Lila vom *Berberis* zu wiederholen, zögerte jedoch. Dunkle Blätter ziehen am falschen Ort zu viel Aufmerksamkeit an sich und wirken aus der Ferne schnell wie schwarze Löcher. Stattdessen entschied ich mich für weichere Lilatöne, gezielt weiter hinten platziert, damit das Dunkle nicht dominiert.

Die Stauden sind klassisch. Nichts allzu Exotisches, viele der Pflanzen würden sich in einem kleinen Cottage Garten genauso wohlfühlen wie hier in diesem großzügigen Gutsambiente. Fingerhüte, Glockenblumen und Rittersporn bilden Türme, die der Fülle und Rundung der Rosenblüten Halt geben, während Farbtupfer aus den kleinen Blüten wie Storchschnabel und Sterndolde eine Schicht aus Farbe und Textur zwischen die architektonischen Formen von Kratzdistel und Kugeldistel legen. Schwaden einzelner Sorten ziehen sich durchs Beet, ein Hauch von Moderne kommt dazu, weil die höheren Pflanzen bewusst weiter nach vorne rücken, statt immer brav hinten zu stehen. Stiele und Blütentürme erzeugen einen Schleier, eine Art Nebel, der den Blick kurz aufhält und verweilen lässt. Ein üppiges, frisches Beet, das sich genauso modern wie historisch anfühlt.

Feen am Ende des Gartens

„Woher kommt eigentlich dein Pflanzstil?" Diese Frage höre ich oft. Ich möchte Pflanzen zusammenbringen, die miteinander wachsen oder zumindest so wirken, als gehörten sie zusammen. Kombinationen, die man in ihrer ursprünglichen Umgebung erwarten würde, mit einem kleinen Twist: Nicht alle sind heimisch. Manche nur entfernt verwandt. Ich suche nach Blütenformen, die an Gänseblümchen oder Glockenblumen erinnern, nach langen, schlanken Stielen, die an struppige Hecken denken lassen.

Von Anfang an hatte ich das Gefühl, dass solche Formen und Strukturen selbst offensichtlichen „Eindringlingen" wie *Echinacea purpurea* oder größeren Blüten wie Rosen helfen, ihren Platz zu finden. Es geht mir um Atmosphäre, um Stimmung, um einen Geist, den ich beim Pflanzen einzufangen versuche. Wäre dies ein Venn-Diagramm, würden sich all diese Ebenen überlappen, verweben und durchdringen – bis im Zentrum ein stimmiges Ganzes entsteht. Keines steht über dem anderen. Indem ich hier herausarbeite, was wo und wie zusammenkommt, möchte ich die wesentlichen Elemente dieses natürlich-romantischen Stils greifbar machen.

Zuallererst möchte ich einen Garten schaffen, den Bienen gern besuchen, in dem Raupen fressen dürfen und Schmetterlinge zur Ruhe kommen. Einen Garten, der Blattläuse anzieht, damit Blaumeisen sie finden. Der Gedanke an Blattläuse mag abschrecken, doch ohne sie gäbe es deutlich weniger Blaumeisen. Probieren Sie es selbs aus: Lassen Sie die grünen Blattläuse Ihren Fingern entkommen. Ich verspreche Ihnen, schon tauchen ihre Gegenspieler auf – Spatzen, Marienkäfer, die Larven von Schwebfliegen. Natürliche Fressfeinde sind erstaunlich gut" darin, Nahrungsquellen aufzuspüren, für sich selbst oder ihren Nachwuchs. Und zwischen all diesen Tieren gibt es noch etwas anderes, das für mich sehr präsent ist.

Ich weiß, dass ich hier Gefahr laufe, Sie zu verlieren: Was spricht dagegen, dass es am Ende des Gartens Feen gibt?

Ich spreche nicht von viktorianischen Feen mit Flügeln. Gemeint ist ein Gefühl unsichtbarer Anwesenheit, das anklopft, leise am Unterbewusstsein zupft, wenn ich in einem Beet stehe, das für den Garten gewachsen ist, für all jene, die ihn beleben, und ein wenig auch für mich. Nichts wächst je so, wie ich es erwarte. Ich habe eine grobe Vorstellung davon, wie es aussehen könnte, doch die Natur greift sie auf, lässt sie von ihren Helfern davontragen, verschiebt, bewegt und bremst sie nach ihrem eigenen Willen. Während der Garten wächst, entwickelt er seinen Charakter, verändert sich, entscheidet selbst, was zu ihm passt. Wir Gärtner schaffen den Rahmen, öffnen Möglichkeiten – und geben die Zügel dann aus der Hand.

Nun kommt der Moment, in dem ich behaupte, die Feen hätten mir die Handschaufel gestohlen – meist ist es allerdings die Gartenschere. Wer das schon einmal erlebt hat, denkt vielleicht an die „Borger". Ich kann versichern, in meinem Garten gibt es sie wirklich. Ich starre auf die Stelle, an der ich die leuchtend bunte Schere abgelegt habe, sie ist ganz sicher *nicht* da. Ich schaue weg, schaue wieder hin,

Gegenüber: Ein Weg, der sich durch üppige Wildblumen zieht, schafft einen angenehmen Gang durch den Garten.

Auf der folgenden Seite: Die Wildblumenbereiche dieses Gartens enthalten auch einige Zierpflanzen; hier zeichnen die dunklen Stängel von *Angelica sylvestris* 'Vicar's Mead' eine elegante Silhouette.

und plötzlich liegt sie genau an ihrem Platz. Wie ließe sich das sonst erklären? Vielleicht erlaubt sich jemand einen Scherz, prüft meinen Glauben oder meinen Respekt. Vielleicht schicken sie danach die Bienen vorbei, oder es ist das Rotkehlchen, das genau weiß, was ich vorhabe. Man mag das für Verrücktheit halten, für eine allzu lebhafte Fantasie – doch es ist allemal die schönere Erklärung als schlichte Vergesslichkeit.

Begleiten Sie mich einen Moment in die Sphären der Vorstellungskraft. Landschaftsgestaltung bedeutet, in einer Welt zu leben, die parallel zur Realität verläuft – stets ein wenig magischer. Als überzeugte Verfechterin all dessen, was der Welt mehr Farbe verleiht, war meine Freude groß, als ich auf das Konzept der „Fairy Forts" stieß – uralte Hügel, die mit Feen in Verbindung gebracht werden. Auf ihnen zu bauen gilt als Frevel, bis heute werden sie von ihren Hütern geschützt. (Mag sein, dass man am Eingang ein paar Euro entrichten muss, aber das ist für mich ein guter Zweck.) Ein einziger Besuch in einem dieser irischen Ráths genügt, um es völlig selbstverständlich erscheinen zu lassen, dass es solche Orte gibt.

Beim Betreten dieses Gartens stellte sich bei mir dasselbe Gefühl uralter Bewohner ein. Vielleicht haben die Auftraggeber und ich zu Beginn, in langen Gesprächen, einen stillen Pakt geschlossen – weniger darüber, was wir verändern würden, als darüber,

Die Farben dieser Pflanzpalette sind bewusst gedämpft gewählt, sodass die sanfte, natürliche Atmosphäre im Mittelpunkt bleibt.

Helle Töne fangen das Sonnenlicht ein und halten es fest.

was unberührt bleiben sollte. Vielleicht entstand der Garten auch für *sie*, die kleinen Wesen, die (zumindest in meiner Fantasie) neben allem Lebendigen existieren. Ich mag den Gedanken, ihnen einen geheimnisvollen Ort zu bereiten, einen Platz zum Verstecken. Dabei denke ich nicht an geflügelte Feen, sondern an den Geist des Gartens und an seine *Geister* und daran, wie wir sie pflegen und zu Freunden machen sollten. All die guten Wesen, die für Schönheit sorgen.

Wenn Sie mir bis hierher gefolgt sind, danke ich Ihnen für Ihre Geduld. Je länger ich mich mit diesem Garten befasse, desto deutlicher erkenne ich in ihm einen Hauch echter Magie. Er wurde für einen Naturliebhaber geschaffen, für jemanden mit einer tiefen Verbundenheit zur Natur. In unseren Gesprächen webten wir aus Praktischem und Fantastischem eine stille Übereinkunft, getragen von Optimismus und Zuneigung. Nichts sollte hineingelangen, was zu viel Aufmerksamkeit verlangte. Pflanzen möglichst aus der Region, Verwendung lokaler Materialien, Reparieren und Wiederverwenden wo immer es ging. Das Wort Nachhaltigkeit mag abgegriffen erscheinen, doch dieser Gedanke hat uns im Grunde immer angetrieben. Entscheidend ist, mit dem zu arbeiten, was das Land hergibt und was es zurückgeben kann. Deshalb nutze ich Materialien aus der Gegend, selbst wenn dafür ein weiterer Weg nötig ist. Alles andere fühlt sich an, als würde man dem Ort etwas aufzwingen. Jeder Designer sagt, man soll nicht sehen, wer den Raum gestaltet hat – ein Gedanke, der inzwischen fast abgenutzt wirkt. Hier jedoch war er ehrlich gemeint. Ich wollte die Häuser derer, die hier leben, nicht durcheinanderbringen. Und wer weiß – vielleicht frage ich sie sogar um Erlaubnis, bevor ich eingreife. Keine Sorge, es geht nicht um Zaubersprüche oder Tränke. Es bedeutet lediglich, im Raum zu sitzen und ihm Zeit zu geben, um zu erkennen, was sich richtig anfühlt. Kann ich X rechtfertigen, Y verwenden? Wenn die Antwort nicht eindeutig ja lautet, weiß ich, dass ich darauf verzichten muss.

Wilde Geister durchziehen diesen Garten, daran

Feenpräsenz

Noch heute sind in Irland Tausende Feenburgen verstreut, denn die Wohnstätten der Feen dürfen *unter keinen Umständen* angetastet werden. Ursprünglich waren es irische Hofanlagen, bekannt als „Ringforts". Sie bestehen aus einer kreisförmigen Umzäunung aus Erd- oder Steinwällen, die Vieh nachts vor Räubern und Wölfen schützten. Als die Menschen weiterzogen, sollen die Feen die verlassenen Anlagen übernommen haben. Seither tragen sie den Namen „fairy forts". In gewisser Weise sind Feen bis heute die zuverlässigsten Hüterinnen der irischen Archäologie – denn aus Ehrfurcht und Vorsicht lässt man sie unangetastet.

Der Weißdorn ist auch als „Feenbaum" bekannt. Um ihn herum sollen die Feen den Sommerbeginn feiern; steht er auf eigenem Grund, bleibt er unangetastet, um „jene, die darin wohnen", nicht zu verärgern. Weißdorne werden in Irland häufig als Hecken genutzt, doch ein einzelner Baum auf freiem Feld oder am Hang eines Hügels gilt als Träger besonderer Kräfte. Noch heute finden sich in Irland Tausende solcher Feenbäume, respektvoll verschont, weil die Bauern sich davor scheuen, sie zu fällen und damit die *kleinen Leute* zu verärgern.

Gegenüber, oben: Wo immer möglich, gestalte ich Architektur mit Bäumen und Pflanzen statt mit harten Materialien. Hier spenden dachförmig erzogene Londoner Platanen Schatten und schaffen zugleich einen einladenden Aufenthaltsort. Gegenüber, unten: Margeriten durften von der Wiese auf der anderen Seite des Weges herüberwandern.

besteht kein Zweifel. Diese Nähe zur Natur begleitet meine Arbeit, seit ich begriffen habe, was es heißt, drei Pflanzen bewusst zusammenzubringen. Doch nichts ist hier zufällig. Hier herrscht Ordnung, ein Prozess, jedoch kein starres System. Und weil sich dieser Ansatz mit jedem Garten verändert, lässt er sich kaum benennen. Nennen wir es also eher eine Haltung.

Beim Ankommen stellt sich das Gefühl ein, dass hier etwas bewusst gesetzt wurde: niedrige, knubbelige Kissen aus *Taxus baccata*, an dem sich alle Wege kreuzen und mehrere Richtungen eröffnen. Landschaftsarchitekten sprechen hier von einem „decision point" – ich empfinde ihn eher als einen Moment zum Luftholen. Der Weg öffnet sich, schließt sich, öffnet sich erneut; das streng geschnittene, feste Topiar erlaubt ein kurzes Innehalten, bevor man weitergeht.

Hier ist man auf dem Land – uralte Wälder umrahmen diese Landschaft. Spürbar ist nicht nur, was und wer hier einst war, sondern ebenso deutlich, was und wer *noch da* ist. Wer weiß, welche Wesen hier leben – traue ich mich es überhaupt, das herauszufinden? Solange keine Krankheit oder Gefahr besteht, sollte man der Natur ihren Lauf lassen.

Ich erinnere mich gut daran, wie ich mit dem Kunden jede einzelne Pflanze im Pflanzplan besprach. Ich liebe diese Phase (eigentlich liebe ich alle, aber diese ist besonders spannend, unabhängig vom Vorwissen, beginnt hier für viele erstmals das künftige Gartenbild wirklich Gestalt anzunehmen). Lange Gespräche bei zahllosen Tassen Tee über die Schönheit einer Pflanze – schöner kann ein Arbeitstag kaum sein. So kamen wir zu *Eupatorium maculatum* 'Riesenschirm', dem Wasserdost, und das Gespräch stockte. Vor zehn Jahren geschah das bei Dahlien, vor Kurzem noch bei Hortensien jenseits von 'Annabelle' oder 'Limelight'. Ist das nicht Unkraut? Ist das nicht ein wenig langweilig? Zu unauffällig? Zu wuchernd? Für mich lautet die Antwort klar: Nein. Ich setze ihn an den hinteren Rand der Beete ebenso wie nach vorn. Insekten lieben ihn, und er bringt ein schönes Pink-Lila, wenn sonst schon vieles verschwunden ist und anderes noch auf sich warten lässt.

Als ich diese Landschaft zum ersten Mal sah, war sie voller menschengemachter Dinge: Zierbäume, harte Linien, Strenge im Weichen. Daran ist grundsätzlich nichts falsch, es ist schließlich ein privater Garten. Und doch lag über dem Ganzen ein erdrückendes Gefühl. Dabei war der Himmel weit und großartig, die Umgebung – Sussex in seiner schönsten Form – atemberaubend. Warum also den Blick nach innen zwingen, statt nach draußen? Zäune wurden entfernt, eine Wiese durfte entstehen, ein Bach wurde erahnt, aufgespürt und wieder freigelegt. Durch diesen sanften Eingriff, mehr wegzunehmen als hinzuzufügen, atmet der Ort spürbar leichter.

Aus genauer Beobachtung dessen, was hier von Natur aus wächst, finden heimische Pflanzen gemeinsam mit nichtheimischen ihren Weg in weichen Schwüngen und sich verflechtenden Wiesen – im Einklang mit der Landschaft ringsum. Nachhaltigkeit steht bei jedem sanften Eingriff im Mittelpunkt. So entstand ein Rückzugsort mit Raum für Fantasie, dessen Staudenwiesenränder und -beete Vögel und Bienen bei Laune halten. Wir alle tragen Verantwortung, bedrohte Arten zu unterstützen, und schon einfache Maßnahmen bewirken Erstaunliches. Jedes Jedes Jahr prüfen die Eigentümer und ich, welche Arten sich bewährt haben: Die Echinacea fühlt sich in dieser Staudenmischung, umgeben von ihren Gefährten, sichtlich zu Hause.

Geschnittene Formen aus *Taxus baccata* schaffen eine Insel der Ordnung und stehen im Kontrast zu den bewegten Wildblumen dahinter.

Überraschung in der Stadt

Dieses schöne Londoner Stadthaus gehört einer wunderbaren Familie mit kleinen Kindern. Der Garten sprach zunächst wenig für sich – abgesehen von der für London bemerkenswerten Größe: 47 Meter lang, 11 Meter breit, im Wesentlichen ein langer Rasenstreifen, eingerahmt von wuchernden Hecken und Bäumen. Das hintere Ende war kaum nutzbar. Die Familie ist fest davon überzeugt, dass ein Garten ein Ort für alle sein sollte, generationenübergreifend, lebendig. Er sollte den Eltern Raum bieten, Gäste zu empfangen und ihre gärtnerischen Fähigkeiten weiterzuentwickeln. Für die Kinder wünschten sie sich einen schönen, inspirierenden Spielort, der ganz nebenbei eine tiefe Liebe zur Natur vermittelt. Die Eltern verbanden damit eigene Erinnerungen an fantasievolles Spielen und eine nostalgische Sehnsucht nach geheimen Gärten. Die zentralen Wünsche waren also: eine Spielstruktur, eine Terrasse zum Essen und eine ebenso schöne, artenreiche Bepflanzung.

Auch ein Garten, der wie dieser deutlich nach einer vollständigen Renovierung verlangt, braucht zunächst Zeit. Man muss ihn auf sich wirken lassen, seinem Charakter Raum geben, um Licht und Schatten, Tierwelt und Stimmungen wahrzunehmen, bevor ein Entwurf entsteht. Der Impuls, sofort zu beginnen, ist verständlich – doch ihm zu widerstehen, ist entscheidend. Jeder Ort ist anders, jeder Kunde ist anders – selbst wenn Gärten direkt nebeneinanderliegen. In dieser frühen Phase verbringe ich viel Zeit damit, mich im Garten umzusehen, die Atmosphäre wahrzunehmen und

Die Kinder der Familie hüpfen den Weg entlang und entdecken unterwegs immer wieder kleine Überraschungen.

den Ort genau zu studieren – auf der Suche nach Hinweisen zu seiner Geschichte ebenso wie nach botanischen und geologischen Eigenheiten. In jedem Garten lässt sich meist etwas aus der umliegenden Landschaft drumherum „ausleihen". Große Bäume, die zwar technisch gesehen den Nachbarn gehören, bilden dennoch eine grüne Hintergrundkulisse. Da die angrenzenden Häuser in den Garten hineinblicken, war es nötig, ein Gefühl von Privatsphäre zu schaffen, ohne dabei eine abschottende Kulisse aufzubauen.

Um verschiedene Altersgruppen anzusprechen und zugleich romantisches Abenteuer in den Stadtgarten zu bringen, habe ich eine skulpturale Route geschaffen: ein Basaltsteinweg, der sich wie ein Fluss durch den Garten schlängelt. Er führt zu kleinen Strudeln der Überraschung, die zum Verlangsamen, Innehalten, und Endecken einladen. Die Linie ist einfach und organisch. Sie beginnt an der eleganten Terrasse und zieht sich dann quer über das Grundstück, vergrößert den Raum optisch und weckt Neugier. Ich stelle mir Kinder vor, die diesen Weg entlang hüpfen oder mit ihren kleinen Rollern fahren und unterwegs immer wieder auf neue Überraschungen stoßen.

Zunächst trifft man auf 'Pebble Seats' des Künstlers Ben Barrell – glatte Betonskulpturen, die vor grünem Hintergrund zugleich Sitzgelegenheiten und Kunst sind. Um das Konzept der Überraschung weiterzuführen, habe ich überlegt, wie sich

Oben: Die erste Skizze für diesen Familiengarten, gedacht als Anregung zum Spielen, zeigt meine frühen Ideen für ein Rinnsal und ein Becken; im weiteren Verlauf der Planung wurden diese durch Wasserdüsen ersetzt.

Rechts: Eine kunstvoll gestaltete Sitzbank, ebenso schön wie praktisch, kommt entlang der geschwungenen Gartenwege in Sicht.

Überraschung mit Wasser verbinden ließe. Hier kamen mir meine Jahre in Italien zugute. Inspiriert von historischen Piazzas und Villen entstand ein spielerisches Wasserelement mit feinen Fontänen – der zweite Überraschungsmoment auf dem Weg. Daneben schwebt eine auskragende Bank aus Bronzeguss über der Pflanzung und bietet Erwachsenen einen Platz, um den Kindern beim Planschen zuzusehen oder einfach innezuhalten und das Wasser zu beobachten. Kunst darf hier benutzt werden, darf berührt und bespielt werden. Folgt man dem „Fluss"-Pfad weiter, führt er schließlich zu einer maßgefertigten Spielstruktur am anderen Ende des Gartens. Wenn die Kinder älter werden, dürfen die Hecken davor höher werden und dieses große Element verdecken, aber im Moment bleiben sie niedrig, damit die Kinder vom Haus aus gut sichtbar sind. Praktikabilität gewinnt.

All die harten Elemente brauchen eine Pufferzone aus Laub und Blumen. Auch wenn die Pflanzplanung meist am Ende eines Entwurfs steht, kann ich betonen, wie wichtig sie für jede Gestaltung ist. Seit 25 Jahren bringe ich einen romantischeren, „wilderen" Stil in die Gärten ein, die ich entwerfe. Das wirkt natürlicher und zeitloser. Traditionelle Elemente verbinde ich mit neuen Pflanzkonzepten, um Balance zu schaffen und einen Raum entstehen zu lassen, der die Zeit überdauert. Die Linien werden durch sorgfältig abgestimmte Pflanzen aufgelockert, die zur Atmosphäre beitragen und zugleich standortgerecht sowie pflegeleicht sind und langfristig ohne zusätzliche Bewässerung auskommen. Die Beete sind bewusst breit angelegt, um Tiefe und Spannung zu erzeugen und den Weg auszubalancieren. Die Auswahl der Pflanzen ergibt sich aus der Stimmung, die ich erzeugen möchte.

Links: Die Idee, Form und Funktion zu verbinden, setzt sich hier fort; die Kiesel-skulpturen bieten einen Platz zum Sitzen ebenso wie Raum zum Spielen.

Gegenüber: Dies ist ein Garten für die ganze Familie. Eine am hinteren Ende platzierte Spielstruktur nutzt jeden Zentimeter des Raums aus. Sie umfasst ein Klettergerüst, einen Seil-parcours, eine Schaukel und eine Rutsche.

Umgeben von Rosen liegt dieses Refugium so zurückgezogen, dass es wie ein geheimer Garten wirkt – eine Überraschung ebenso wie ein Ziel für Eingeweihte. Die Grenzen zwischen Stadt und Land verschwimmen hier völlig. Englische Rosen in tiefem Rot und zarten Rosatönen: *Rosa* 'Munstead Wood' (= 'Ausbernard'), *R.* (= 'Ausverse'), '*Rosa* Gentle Hermione' (= 'Ausrumba') werden ergänzt von *Rosa* 'Tuscany Superb' und der duftenden *Rosa* 'Ispahan'. Später übernehmen Hortensien die Farbe, während das ganze Jahr über Kissen aus *Taxus baccata* und *Pittosporum* 'Golf Ball' für Struktur

sorgen. Hinzu kommt ein feiner Staudenschleier aus hohen, beinahe nackten Stielen mit luftigen Blüten, *Cenolophium denudatum, Anthriscus, Thalictrum,* die Höhe und Feinheit schaffen und dem Garten Geheimnis und Weichheit verleihen. Und selbstverständlich die Zwiebeln: Tulpen und *Allium*, Jahr für Jahr neu gedacht.

Einen generellen Ansatz für Gartengestaltung zu beschreiben, ist nicht leicht. Meist bevorzuge ich sanfte Eingriffestatt einer zu deutlich sichtbaren Handschrift der Gestaltung. Jeder Garten sollte so wirken, als gehöre er *genau an diesen Ort*. Energie und Gedanken finden Ausdruck in Romantik, in einer Geschichte, in stiller Stimmigkeit. Am Anfang steht stets der Respekt vor dem Ort – unabhängig von seinem Zustand – und das Verständnis dafür, was die Natur vorgibt. Dank vorausschauender Kunden, die auch ungewöhnlichen Ideen Raum geben, darf ich Gärten schaffen, die lebendig und überraschend sind: Orte für Jung und Alt, die hoffentlich für jeden etwas bereithalten. Durch dieses Vertrauen können Träume entstehen, die Teil des Lebens werden.

Klein, fein und ganz im Verborgenen

„Sorgen Sie dafür, dass wir Lust haben, in unseren Garten zu gehen." Kein ungewöhnlicher Wunsch, hier jedoch mit besonderer Dringlichkeit. Eine Straße trennte Haus und Garten und so scheuten sie den Aufwand: alles zusammenzupacken, das Haus abzuschließen, hinüberzugehen und das Tor zu öffnen – all das erschien zu viel Mühe, um mal eben ins Grüne zu gehen.

Dieses Gefühl der Trennung verändert unser Verständnis davon, was ein Garten leisten muss. Normalerweise sollte ein Garten ein Gefühl von Ankommen vermitteln, willkommen heißen und verlockende Einblicke auf Schätze und Kostbarkeiten gewähren, die einen weiter hineinziehen.

In diesem Garten jedoch fehlte all das – stattdessen ein abweisendes Tor in einer Eibenhecke auf der anderen Seite einer vielbefahrenen Straße. Einen klassischen Garten könnte man am Eingang mit einer symmetrischen Anordnung von Töpfen verschönern oder mit einer asymmetrischen Pflanzung aus Immergrün. Das würde ein Gefühl des Ankommens erzeugen, ein stilles Signal: Hier entlang, dieser Garten möchte betreten und weiter erkundet werden.

Hier jedoch war das Gegenteil gefragt. Das Tor liegt an einer öffentlichen Durchgangsstraße ohne Gehweg, Platz für einladende Töpfe gibt es nicht. Zudem bestand der Wunsch, den Garten konsequent zu verstecken, um neugierige Blicke abzuhalten. Keine pflanzliche Verlockungen, keine Andeutungen eines verborgenen Paradieses. Dieser Ort sollte allein jenen gehören, die wissen, dass es ihn gibt.

Eine einfache Bank unter einer bestehenden Stechpalme in einem kleinen Stadtgarten verwandelt eine schattige Ecke in einen einladenden Platz.

Das erforderte ein völliges Umdenken und genau darin liegt einer der schönsten Teile des Gestaltungsprozesses. Die stetige Suche nach neuen Denkweisen, neuen Lösungen – alte Geschichten auf neue Weise erzählt. Kein Garten gleicht dem anderen, kein Kunde, kein Haus – warum also sollten es die Entwürfe tun? Klar, aus unternehmerischer Sicht wäre es viel einfacher, immer denselben Garten zu bauen und abzuwandeln. Doch tief im Inneren wusste ich stets, dass das keinem Garten gerecht wird. Mein Anspruch ist es immer, den Raum zu schaffen, den der Ort verdient.

Ich stand an der niedrigen Mauer, die den Garten von der Themse trennt, die sich durch das Herz des geschäftigen London zieht. Zur einen Seite Wasser und Licht, Bäume am anderen Ufer. Überall Bewegung: Reiher im Sturzflug, hüpfende Teichhühner. Auch die schmalen Ruderboote, angetrieben von erschöpften Achterteams und angefeuert vom Steuermann über das Megafon, schufen eine pulsierende, lebendige Atmosphäre.

Auf der anderen Seite ragte die dunkelgrüne Hecke auf und schirmte den Ort konsequent ab. Ich spreche oft vom Blick über den eigenen Garten hinaus – hier jedoch wurde mir klar, dass es zwei „Draußen" gab: eines voller Leben, eines verborgen. Daraus entstand die Idee eines geheimen Gartens mit Twist, der Offenheit und Abgeschlossenheit zugleich zelebriert. Ein Ort mit einem Hauch von Geheimnis, der sich in der Fantasie seiner Besitzer entfaltet und sie anzieht. Vom Fluss aus Vorbeifahrende erahnen ihn, sehen ihn vielleicht kurz – wissend, dass er existiert, ohne ihn je betreten zu können. Und viele würden nie erfahren, dass es ihn überhaupt gibt.

Haben Sie jemals Ihren eigenen Garten betrachtet, oder ein Stück Land, dass Sie gestalten sollen, und sich eingeredet, dass klein doch schön sei, dass

Größe keine Rolle spiele? Dass es gleichgültig sei, keinen Raum für all die Dinge zu haben, weil sich ohnehin nichts daraus machen lasse, da es schlicht keinen Ort zum Verstecken gibt?

Der zweite Teil dieses Gedankens trifft zu: In der Gestaltung kleiner Gärten gibt es tatsächlich keinen Ort, an dem sich Fehler verbergen ließen. Jeder Patzer springt ins Auge, erinnert daran, wie verrückt es war, vielleicht zu viel auf einmal unterbringen zu wollen oder bestimmte Dinge, wie die Umgebung, zu ignorieren – in der Hoffnung, man könne sie zumindest gedanklich ausblenden. Das hat nichts mit mangelnder Sorgfalt oder Fähigkeit zu tun. Im Gegenteil: Gerade die kleinsten Gärten sind mit Abstand die anspruchsvollsten. Jedes noch so kleine Detail steht unter Beobachtung, alles ist auf einen Blick sichtbar.

Als ich hier zum ersten Mal ankam, empfingen mich eine kaputte und erschreckend rutschige Terrasse, ein ebenso marodes Spalier, dazu freudlose Pflastersteine und ein paar fehlplatzierte, stachelige Pflanzen, die weder schön waren noch der Umwelt etwas brachten.

Links und oben: Dieser Garten wurde so angelegt, dass er einladend wirkt und den großartigen Ausblick optimal nutzt. Die geschwungene Bank ist von *Hydrangea arborescens* 'Annabelle' umgeben, die so gepflanzt sind, dass sie eine Art schützendes Nest bilden.

Kein Pollen, kein Nektar, nichts. Die Linien des Gartens waren verwirrend: spitze, scharfe Linien der einstürzgefährdeten Balustrade, formlose Linien eines Weges, dazu diagonale Linien der Terrasse. Alles zusammen wirkte, als sei dieser Garten an einem Tag entstanden, an dem Entscheidungen besonders schwerfielen.

Bei all den Einschränkungen galt es, den Blick auf das Positive zu richten, und das war hier: der Ausblick. Einer der schönsten in London, direkt am Ufer des Flusses, der sich durch die Stadt zieht. Das Wasser verdoppelt das Schauspiel, spiegelt Himmel und Licht und zeichnet täglich ein neues Bild. Bei genauerem Hinsehen zeigte sich, dass die ursprünglichen Gestalter diese Aussicht erkannt und Aufenthaltsorte vorgesehen hatten. Das Problem war nur, dass sie den Gedanken der Gastfreundschaft bald aus den Augen verloren: unbequeme Winkel und abweisende Schwellen vermittelten eher ein „Bleib draußen“ als eine Einladung. Genau das galt es umzudeuten – in ein leises, aber unmissverständliches „Komm rein“.

Der Weg durch einen Garten ist immer wichtig und scharfe, gerade Linien wären hier schlicht fehl am Platz gewesen – in kleinen Gärten werden Wege erfahrungsgemäß ohnehin abgekürzt. Ein geschwungener Weg mit einladenden Stopps schien hier sinnvoller. Ich habe es einfach gehalten und eine Route

Gegenüber: *Rosa* 'Emily Brontë' (= 'Ausearnshaw') markiert den Eingang zu einem mit weiteren Blüten gefüllten Bogen.

Oben: Selbst ein kleiner Garten kann verschiedene Sitzmöglichkeiten bieten – einige zurückgezogen, andere offener angelegt, wie hier.

geschaffen, die leicht zu verstehen und zu benutzen ist, mit magischen Abzweigungen, die hoffentlich für Glücksmomente sorgen. Indem man die genialen, aber bisher ungenutzten Ecken entdeckt und verbessert, werden sie nutzbar. Und wenn man das ganze Volumen des scheinbar kleinen Gartens ausnutzt, bleibt mehr Platz für Pflanzen.

Diese magischen Momente kristallisierten sich schnell heraus – als Sitzplätze, manchmal sogar als Wege und Schwellen selbst. Es musste nicht kompliziert sein. Den Pfad als Tunnel anlegen, der sich zum Ausblick öffnet, ihn rahmt und zugleich ein Gefühl von Staunen erzeugt, wenn man auf die Terrasse tritt. Die alte, zottelige Stechpalme in eine bessere Form bringen und darunter einen Ort freischneiden. Alle möglichen Blickwinkel und Aussichtspunkte schaffen – darum geht es in diesem Garten schließlich.

Um die Kurven des Weges aufzunehmen, kamen kleine, ziegelähnliche Pflastersteine zum Einsatz. Für den erhöhten Essbereich brauchte es größere Platten, denn kleine Pflastersteine bringen zwangsläufig leichte Höhenunterschieden mit sich und damit wackelnde Möbeln, was niemandem Freude bereitet. Selbst wenn man meint, diese Instabilität ertragen zu können, genügt die Vorstellung, an einem wackelnden Tisch im Pub zu sitzen: Man beugt sich vor, um sich zu unterhalten, und plötzlich ist da dieses leise, aber unerbittliche Klacken – klein, doch erstaunlich durchsetzungsstark, und völlig unbeirrbar, so sehr man sich auch bemüht, es zu ignorieren. Der gefaltete Bierdeckel bleibt die einzige Rettung. Und Bierdeckel möchte man im eigenen Garten nun wirklich nicht dauerhaft einsetzen. Hier erwiesen sich Platten aus Yorkstone, zufällig verlegt, als stabil genug und trotzdem dezent in Farbe und Ton.

Für die Gartenränder kam ein Holzgitter mit geschwungenen Bögen zum Einsatz, das den Blick nicht versperrt. So entsteht Raum für eines der romantischsten Elemente überhaupt: den Rosentunnel. Er verführt dazu, dem Weg weiter zu folgen. Zugleich schafft er eine doppelte Ebene der Privatsphäre – als zusätzliche Vertikale neben dem Spalier, das bald von Rosen, Clematis und immergrünen Kletterpflanzen bewachsen sein wird. Außerdem markiert er eine Schwelle, dem Gefühl, dass sich etwas schließt, um sich kurz darauf wieder zu öffnen und eine neue Szene freizugeben.

Der Weg, diese Schwelle, dient sowohl als Ausgang wie als Eingang. Indem ich das Potenzial nutzte, das sich zeigt, wenn man den eigenen Weg zurückgeht und umkehrt, ergab sich die Chance, einen Ausblick zu schaffen, wo zuvor keiner war.

Rosen prägen diesen Garten, im Verlauf der Saison übernehmen Hortensien. Diese blühenden Sträucher schmiegen sich um Sitzplätze und stille Ecken. Duft, Form und schattiges Laub verbinden sich in zurückhaltenden Farbtönen mit Stauden und Zwiebeln zu einem harmonischen Ganzen. Der Sitzbereich ist über flache Stufen erreichbar und endet an einer Bank, die zugleich als Balustrade dient, eingebettet in *Hydrangea arborescens* 'Annabelle'. Eine symbiotische Beziehung: Die Hortensie verleiht der Bank Halt und Sicherheit, während die Bank der mitunter schlappen Annabelle Halt gibt.

Die Bepflanzung ist für alle der Lieblingsteil: Sie bringt den funkelnden Hauch von Feenstaub in den Garten, getragen vom stabilen Gerüst aus Eisen. Die Rosen wachsen empor, legen sich darüber und ziehen weiter. Schon im zweiten Sommer wirken sie, als wüssten sie genau, was von ihnen erwartet wird.

Gegenüber, oben und unten: Eine Vielzahl von Rosen – darunter *Rosa* 'Desdemona' (= 'Auskindling'), *R.* 'Gentle Hermione' (= 'Ausrumba') und *R.* 'Emily Brontë' (= 'Ausearnshaw') – gedeihen an diesem Standort am Flussufer.

Ein Pavillon voller Kurven

Allan McRobie, Professor für Ingenieurwesen an der Universität Cambridge, lernte ich über alte Freunde kennen. Da ich mich kaum zu den großen Mathematikerinnen zähle, erwartete ich wenig von seinem Buch *The Seduction of Curves*. Wie sehr ich mich täuschte. Es zeigt, wie Geometrie und Mathematik erklären, warum wir Kurven als verführerisch empfinden. Sanfte, organische Linien sprechen uns instinktiv an. Ganz anders als gerade Linien oder die perfekten Formen klassischer Geometrie.

Offen gesagt werde ich die komplexe Mathematik hinter dem Warum wohl nie ganz durchdringen. Was ich jedoch *sehr genau* verstehe, ist jener Moment, in dem eine Komposition mehr wird als die Summe ihrer Teile – wenn Formen und Elemente sich zu etwas Stimmigem, Wohltuendem fügen. Kurven verändern sich mit dem Blickwinkel, bleiben in Bewegung, während wir uns um sie herum bewegen. Genau das leisten auch die besten Gärten. Mir wurde klar, dass sich dieser Zauber in einem Pavillon für einen Schaugarten nutzen ließe. So entstand gemeinsam mit Wedgwood für die RHS Chelsea Flower Show 2018 der Swallowtail Pavillion, teilweise inspiriert von McRobies Forschung. Eine ikonische, skulpturale Form, eingebettet in einen ebenso dynamischen Garten. Vergänglichkeit und schwer fassbare Anziehung standen im Mittelpunkt. Nach Monaten intensiver Gespräche, Skizzen, Experimente und Modelle nahm die Struktur Gestalt an und wie in der Natur waren Geraden hier die Ausnahme.

Der „Swallowtail Pavilion" im Wedgwood Garden auf der RHS Chelsea Flower Show 2018 verwandelt ein eigentlich schweres Material in etwas Leichtes und Luftiges.

Verwirklichtes Design überrascht oft selbst die Gestalter. Wir planen, wie ein Garten aussehen soll, doch die schönsten Momente entstehen mit Licht, Wind und Zeit. Für diese Effekte, die Mutter Natur beisteuert, nehmen wir keine Anerkennung in Anspruch. Wir nehmen sie dankbar an, jeden neuen Schatten, jedes Aufblitzen und Schimmern, während der Garten zu sich findet. Neue Bilder, Stimmungen und Charaktere – Gärten schenken uns täglich etwas und verändern sich mit jedem Tag.

Mir war schnell klar, dass ich mit Bronze arbeiten wollte, in einer unverkennbar organischen Form, deren Stabilität scheinbar an feinen Metallketten hing, die zwischen dem geschwungenen Rahmen gespannt waren. In der Vorstellung hofften wir, dass die Tausenden Fäden das Licht vielfach brechen würden: als Schatten, Schleier, flirrende Transparenz. Man kann sich die Erleichterung vorstellen, als genau das eintrat und zugleich den Weg für künftige Strukturen auf späteren Shows ebnete.

Die Romantik eines Garten verdichtet sich, wenn sie sich Schritt für Schritt entfaltet. Bleibt offen, was hinter der nächsten Ecke wartet, entsteht der Wunsch weiterzugehen. Durchscheinende Zweige und locker aufgebaute Pflanzen lassen Schönheit erahnen. Bei gebauten Strukturen ist Transparenz schwieriger und für mich meistens schwer zu fassen. Wie kann ein festes Material luftig wirken, statt klobig? Eine Antwort liegt im Zusammenspiel: umgeben von anderen Materialien wie Felsen, Findlingen, Kopfsteinpflaster, Yorkstone.

Um die Lücke zwischen den robusten Fundamenten und dem feinen Netz darüber zu schließen, ließ ich Quellen, kleine Wasserfälle, Bäche und Rinnsale durch den Garten fließen.

Gegenüber und oben: Das Sonnenlicht legt sich wie ein feines Muster über Bronze und Stein. Die dünnen Metallfäden des Pavillons beginnen dabei leise zu schimmern, während sich die Lichtstrahlen langsam entlang ihrer Linien bewegen.

Links: Zu beobachten, wie Wasser durch einen Raum fließt, hat stets eine beruhigende Wirkung.

Gegenüber: Zu den im Chelsea-Schaugarten verwendeten Pflanzen zählen – im Uhrzeigersinn von oben links – *Laser trilobum, Primula sikkimensis, Geum rivale, Trollius x cultorum Taleggio* und *Iris* 'Carnival Time'.

Das zarte Plätschern wirkte wie ein Echo der feinen Drähte der Skulptur darüber – als würde man eine der Ketten wie eine Gitarrenseite zupfen. Zugleich blieben sie selbstverständlich und zurückhaltend, Eigenschaften, die den gesamten Garten prägen. Ein Bach entspringt in einem Felsen und schlängelt sich durch den Garten. In meiner Vorstellung sehe ich den früheren Besitzer, wie er genau hier einen riesigen Stein platziert. Gleichzeitig verfolge ich eine persönliche Mission: das Comeback des *Crazy paving*. Hier erscheint es großzügig umgesetzt, vom kleinsten Fugenbild bis hin zur weitläufigen Terrasse. Um Zusammenhalt zu schaffen, stammt sämtlicher Stein – auch die als Möbel genutzten Felsen – aus einem Steinbruch, leicht gereinigt und ansonsten sich selbst überlassen. Unregelmäßige Formen bestimmen den Garten, bleiben dabei jedoch stets als Ganzes lesbar.

Inspiriert von den Farbexperimenten Josiah Wedgwoods orientierte sich die Bepflanzung an hellem Blau, Flieder, Zitronengelb und warmem Bernstein. *Iris pallida* subsp. *pallida* setzt hier einen frischen Lichtakzent – ein blauer Fokus, der Grün und Gelb sanft verbindet. Ein Hauch zitroniger Magie, ein Pfad durch lichten Wald. Die geschwungenen Wege machen den Gang meditativ und führen zu einer stillen Ecke aus ruhigen Steinen. Wasser fängt das Licht ein, das Licht beflügelt die Fantasie. Ruhe stellt sich ein, wenn man die sanfte, ständige Bewegung ringsum wahrnimmt. Der Garten lädt eher zu Tagträumen ein als zu angestrengtem Nachdenken.

Ruhige Struktur

Um diesen Landgarten zu begreifen, musste ich mich zunächst zwingen, über die elegante Zufahrt und den Eingang des denkmalgeschützten georgianischen Hauses hinwegzusehen, über die bestehenden Pflanzen und Teiche... weiter hinaus, bis zum alten Sussex-Wald aus Eichen und Buchen. So präsent das Haus auch ist, liegt es so überraschend verborgen in der Landschaft, fast wie in einer Lichtung. Das lenkt den Blick auf das Davor. Auf die Geschichte des Ortes und des Landes, lange bevor das Haus überhaupt existierte. All dies prägte, wie der Ort künftig funktionieren kann. Und es hilft, die wichtigste Frage zu beantworten: Wie soll er im Hier und Jetzt wirken?

Historische Gebäude geben oft Hinweise darauf, welche behutsamen Eingriffe ein Gutsgarten ertragen kann. Der lange, eingeschossige Flügel dieses Hauses war ursprünglich ein Kreuzgang, ein Ort der Besinnung für die hier lebenden Nonnen. Mit der Auflösung des Klosters ging das Anwesen in Privatbesitz über. Die klösterlichen Zellen wurden integriert, später kamen der gregorianische Flügel, Fassaden und Hecken hinzu. Heute wirkt dieser Ort angekommen, als Zuhause für eine Familie. Mit großzügiger Selbstverständlichkeit hat er sowohl seinen früheren Charakter als Ort der Ehrfurcht und Besinnung bewahrt, als auch das, was danach kam – Menschen, Bewegung, Spaß, Geräusche. Meine Aufgabe bestand darin, beides zusammenzubringen. Besinnung bedeutet einen Platz am Wasser. Erholung bedeutet die wohltuende Kraft der Pflanzen. Freude bedeutet Spiel und Gemeinschaft.

Campanula und *Penstemon* tragen wesentlich dazu bei, vor der Fassade dieses georgianischen Hauses eine romantische und zugleich unkomplizierte Rabatte entstehen zu lassen.

Praktisch stellte sich zunächst die Frage, was bereits vorhanden war und sich nutzen ließ. Wie teilt man das Ganze für verschiedene Nutzungen, ohne harte Grenzen zu ziehen? Ein Zierfischteich und eine Hecke trennten zwei großzügige Rasenflächen – für sich wertvolle Elemente, zusammen jedoch wirkten sie streng und eher düster als einladend.

Selbst formale Gärten können Menschen sanft aufnehmen. Die alte Eibenhecke gab zwar Halt und Geborgenheit, war jedoch einfach zu riesig. Der Garten musste atmen. Also teilten wir die Hecke in einzelne Säulen. Nun stehen sie als ruhige Wächter, während die Zwischenräume Licht und Leben durchlassen. Auch wenn keine durchgehende Wand mehr vorhanden ist, teilt sie den Garten immer noch sehr effektiv in verschiedene Bereiche: auf der einen Seite Pool und Spaß, auf der anderen eine Zone, die den Pflanzen gewidmet ist.

So wurde der zweite Bereich zu einem Ort, an dem man zwischen Essbarem essen kann. Nutz- und Heilpflanzen – einst von Nonnen angebaut und genutzt – quellen aus den Beeten hervor. Die umgebenden Mauern fangen den Duft von Jasmin und Rosen ein. Locker wachsende Pflanzen schaffen eine gemütliche, entspannte Atmosphäre. Direkt an die Küche anschließend wird die von Kräutern umgebene Terrasse im Potager-Stil zu einem eigenen Rückzugsort.

Ein Haus ohne Kletterpflanzen wirkt für mich nackt. *Trachelospermum jasminoides* fühlt sich hier pudelwohl und ich bin überzeugt, es wäre eine echte Schande gewesen, sie nicht zu pflanzen. Sie verbinden neue architektonische Elemente mit dem Alten, während die duftenden Blüten sich spielerisch zu den benachbarten Rosen schlängeln. Innerhalb weniger Jahre haben sie die Wände komplett eingekleidet.

Gegenüber: Ein bereits vorhandener Zierteich bildete den Ausgangspunkt für das Gestaltungskonzept dieses Bereichs. Die Formschnitte wurden so entworfen, dass sie bestehende Abdeckungen der Entwässerung kaschieren und zugleich ein Gefühl der Abgrenzung zwischen diesem Gartenraum und dem benachbarten Swimmingpool schaffen.

Oben: Die Gestaltung dieses Gartens wurde von einem vorhandenen Element bestimmt: dem langen, rechteckigen Teich. Um ihn herum legte ich eine Abfolge gedachter Gartenräume an, von denen jeder auf seine Weise vom jeweils benachbarten inspiriert ist.

Wir sind nicht hier, um uns dem bereits Schönen aufzudrängen, sondern um zu erkennen, wann man innehält. Der vorhandene Fischteich und die historischen Abflüsse waren da und sollten auch bleiben. Ihre Existenz bestimmte die Form der niedrigen Hecken aus *Ilex crenata*. Oft liegt im Unveränderlichen der Schlüssel zum Entwurf. So zeichneten sich die geometrischen Formen beinahe von selbst in den Grundriss ein. Ihre Horizontalität verlangte nach einem Gegenpol, nach konischen Topiarien, die den Raum zwischen Boden und Vertikalen überbrücken, als reichten sie den Staffelstab leise weiter an die unverzichtbaren Eibenwächter. Eine Bank, um darin Platz zu nehmen und im Grünen zu baden, vollendet den Bereich.

Großformatiger, dunkelgrüner Formschnitt kann viel sagen, mitunter zu viel. Vor der Kulisse eines großen historischen Hauses wirkt er meist angemessen. In anderen Kontexten jedoch schnell überdimensioniert oder zu formal. Maßstab, Harmonie und Einheit sind keine Floskeln, sondern das Rückgrat eines Gartens. In Neubauten oder kleinen Stadtgärten würde ich zögern, Topiarien anzulegen. Oft lohnt es sich mehr, auf das zu hören, was die Umgebung vorgibt. Vielleicht erfüllen in einem kleineren Garten ein paar mehrstämmige große Sträucher mit schönem Laub und noch schöneren Blüten dieselbe Aufgabe, vielleicht sogar überzeugender. Ein locker gewachsener *Pittosporum* könnte das gleiche Gerüst liefern wie hier die Stechpalme oder eine Buche, die selbst dann, wenn sie zu einer Kuppel geformt wird, immer noch ein Stück Natürlichkeit behält, einfach weil sie heimisch ist.

Formschnitt hält den Blick fest, bevor er weiterziehen darf. Er rahmt ein, zieht an und sollte Freude machen. Er lenkt unsere Schritte von A

Eine Armillarsphäre wird von englischen *Rosen* umschmeichelt, darunter *Rosa* 'Munstead Wood' (= 'Ausbernard'), *R.* 'Falstaff' (= 'Ausverse') und *R.* 'Young Lycidas' (= 'Ausvibrant').

nach B – eine Art verbindendes Element. Die Römer wussten das. Plinius der Jüngere, der große Briefschreiber des ersten Jahrhunderts, hielt fest: „Vor dem Säulengang liegt eine Art Terrasse, eingefasst von Buchs und Sträuchern, die in verschiedene Formen geschnitten sind. Von der Terrasse aus geht es einen sanften Hang hinunter, der mit Tierfiguren aus Buchsbaum geschmückt ist, die sich gegenüberstehen... Dieser ist von einem mit immergrünen Pflanzen gesäumten Weg umgeben, die in verschiedene Formen geschnitten sind... das Ganze ist von einer Mauer umschlossen, die vollständig mit in Stufen geschnittenem Buchs bis hinauf zur Krone bedeckt ist."

In diesem Garten gab es eine weitere, bereits vorhandene Art des Formschnitts: Eine Zwergbuchshecke fasste ein steinernes Vierpassmotiv ein. Wie alt diese Form aus vier überlappenden Kreisen war, wusste niemand: wir beschlossen, sie zu bewahren. Die Kurven im Grundriss verlangten nach einem zentralen Fokus mit klassischem Charakter. Unsere Wahl fiel auf eine Armillarsphäre, deren Ringe die Bahnen der Himmelskörper nachbilden. Ein Hauch von Rosen, Fenchel und Stauden in Tönen von Halbedelsteinfarben, Tansanit und Bull's Eye mildern die Strenge, verbinden die Farben und knüpfen an das byzantinische Karneol und den Jaspilit der Poolpflaster am benachbarten Wasserbecken an.

Der Poolbereich, gefasst von Rosenwolken und hohen Stauden, öffnet sich zu einer schlichten Rasenfläche, die sich allein durch ihre Nähe

Gegenüber: In diesem Poolbereich sorgt eine ungewöhnliche Tapisseriehecke für Sichtschutz und bildet zugleich die Kulisse für eine Abfolge farbenreicher sommergrüner und immergrüner Sträucher.

Rechts und unten: Aufrecht stehende Eiben werden durch flach wachsende Rosen zu ihren Füßen aufgelockert und erhalten so Weichheit und Farbe. Eine Reihe geschwungener Stufen aus Ziegel und Stein führt hinunter zur Spielwiese.

zum Wasser als Spielfläche anbietet. Strenger Formschnitt wäre hier fehl am Platz gewesen, alles sollte weich, einladend, verspielt wirken. Die Idee der harten Hecke wurde daher neu interpretiert. Ordnung und Führung übernehmen nun Pflanzen, die auch den umliegenden Wald prägen. Selbst Blutbuchen wachsen aus der Hecke heraus. Ein lockeres Geflecht aus Hainbuche und Buche rahmt den Rasen, setzt sich um den Pool fort und sorgt für geschützte Intimität. So finden die drei Bereiche zu einer Einheit zusammen. Die wuchernden Lavendelhecken vor dem Haus wurden ausgelichtet, gepflegt und im Garten weiterverwendet. Sie tauchen in den neuen Kräuterbeeten nahe der Küche auf, zwischen den Rosen am Fuß der Eibensäulen und in den großzügigen Beeten rund um den Pool. In Gärten wie in der freien Natur sollte nichts verschwendet werden.

Oben, links: In diesem Gartenraum treffen klare Formen auf weiche Pflanzung. Der Formschnitt aus *Taxus baccata* wird durch Stauden wie *Salvia nemorosa* 'Caradonna' und *Verbena bonariensis* aufgelockert. Oben, rechts: *Trachelospermum jasminoides* bedeckt die Steinmauern.

Die Beete dieses Essbereichs im Freien sind mit duftenden Pflanzen und Kräutern bepflanzt.

EIN RÜCKZUGSORT FÜR SCHREIBENDE

Sommersonnenwende

Der Schriftsteller, dem dieser Garten gehört, schätzt das Einzigartige. Er ist bereit, der natürlichen Schönheit eine weitere Schicht zu verleihen in Form von dekorativen Details, die das vorhandene nicht überdecken, sondern veredeln. Hier durfte sich ein Liebhaber von Farben, Rosen und Vielfalt in Formen und Tönen austoben.

Die erste Version dieses Gartens entstand als Schaugarten. Ein leerer Raum – ein Ort ohne Zweck, Menschen und Pflanzen, der trotzdem irgendwann für alle, die vorbeischlendern, Charakter und Bedeutung ausstrahlen soll – fordert besondere Vorstellungskraft. Am Anfang steht für mich stets die Frage, wer diesen Garten bewohnen wird. Also spreche ich in Gedanken ausführlich mit dem Besitzer des Gartens und denke über jene Details nach, die ihnen auf besondere Weise entsprechen könnten. Diesmal fiel es mir leicht; ich hatte Glück. Denn die Einladung zur Schau kam zur Sommersonnenwende.

Die langen Tage zur Sonnenwende schenken zusätzliche Zeit für Kreativität und machen diese Phase besonders ideal für Schriftsteller.

Dieser Schriftsteller – vielleicht auf eine Reise mit Feen entführt, wer weiß – trat mir als vollständig ausgeformte Persönlichkeit vor Augen, jedoch ohne Geschlecht und ohne körperliche Gestalt.

Meine Gedanken kreisten um Schriftsteller und die britische Tradition kleiner Gartenbauten als kreative Rückzugsorte. Die literarische Landschaft Großbritanniens wurde zur Inspiration.

Bei Schaugärten wie diesem, die zunächst nur aus leerem Raum bestehen – ohne Funktion, ohne Menschen, ohne Pflanzen –, ist die Vorstellungskraft der Gestalterin besonders gefordert, um dennoch eine überzeugende Atmosphäre zu schaffen.

Sommersonnenwende

Die Sommersonnenwende ist der längste Tag des Jahres und markiert eine Zeit der Stärke, Freude und des Selbstvertrauens. Wie schon unseren Vorfahren scheint es auch uns, als stünde die Sonne still am Himmel, als hätten die Sonnengötter den Kampf gegen Kälte und Dunkelheit endgültig gewonnen. Sie ist eine von nur drei Nächten im Jahr (neben Beltane und Samhain), in denen die Geister umherwandern. Nach keltischer Überlieferung konnten Hellsichtige Menschen sich ihnen anschließen. Es ist eine Zeit der Inspiration, um sich auf eine Reise in die Kreativität und an magische Orte führen zu lassen.

Oben und rechts: Das Konzept dieses Gartens für die „RHS Chelsea Flower Show" sah ein Rückzugsgebäude mit einem eigenen Raum für eine Schriftstellerin vor – gedacht als Ort der Inspiration und des bewussten Rückzugs.

Alles begann mit der Idee, ein geheimes Refugium zu entwerfen, eine kleine Ecke ganz unten im Garten. Sissinghurst und Vita Sackville-West, Roald Dahls Gartenhütte, Dylan Thomas' Bootshaus auf Stelzen, Monk's House und Virginia Woolf, Charleston mit seinem ständigen Kommen und Gehen. Um diesem Garten jedoch einen echten Ort zu geben, musste ich präziser werden. So fiel meine Wahl auf Dorset, und der natürlichste Ort war für mich die Isle of Purbeck. Keine wirkliche Insel, sondern eine Halbinsel, ein Ort am Ende der Welt – so muss er zumindest den Menschen in der Jungsteinzeit vorgekommen sein. Kalk- und Tonsteinfelsen trennen hier das Meer von dem hügeligen Land voller Grabhügel, das später die Ruinen von Corfe Castle tragen sollten, mit eingestürzten Türmen und sich wölbenden Mauern, die in jedem Stein Romantik und Geheimnis tragen.

Honigfarbener Purbeck Stone, durchzogen von Fossilien, verbindet sich mit englischer Eiche zu einer warmen, ruhigen Stimmung fürs Schreiben. Das zweigeschossige Gebäude bietet oben Rückzugsort, unten Entspannung, und öffnet sich zu einem geschwungenen, natürlichen Schwimmteich – lang genug für ein paar Bahnen, tief genug für einen Sprung. Wasser beruhigt, wenn man am Rand sitzt und beobachtet, was sich niederlässt oder vorbeischwimmt. Ein Sprung in das unbeheizte Wasser belebt den Geist – der ideale Ort, um Momente der Prokrastination zu vertreiben.

Der Begriff „Retreat" wird in der Gartengestaltung häufig verwendet, wenn man sich einen Ort mit nachdenklicher Atmosphäre wünscht und in diesem Rückzugsgarten gibt es ein Refugium im Refugium. Das eigentliche Geschehen findet im oberen Stockwerk des Gebäudes statt, das über eine Schiffsleiter und eine wie eine Zugbrücke gestaltete Falltür erreichbar ist.

Ist die Falltür geschlossen, ist man verborgen. Abgeschieden, begleitet lediglich von den Geräuschen des Gartens. Und doch bleibt die Verbindung bestehen – Klänge halten einen am Ort, ein rundes Guckloch erlaubt jederzeit den Blick

Gegenüber: Die strukturreiche Rinde der majestätischen, mehrstämmigen *Betula nigra* diente als Inspiration für die Farbpalette der umgebenden Pflanzungen; tiefe Rot- und Weintöne greifen ihre Braun- und Maroonnuancen auf.

Rechts, oben: Ein Steg aus Eichenholz führt über das Wasser zum Rückzugsort.

Rechts, unten: Silberfarbenes Laub setzt helle Akzente in der Staudenpflanzung.

nach draußen. Oben angekommen, führt der einzige Weg wieder nach unten, doch die Schreibenden verweilen.

Dieses Fenster spielt mit der Idee der Schwelle zur Inspiration. Schwellen sind geheimnisvoll. Sie öffnen Möglichkeiten und schaffen Atmosphäre. Von hier oben blickt man heimlich auf die satten Farben und Strukturen hinaus doch das kleine Format bewahrt vor Ablenkung. Das Obergeschoss ist ein Schreibzimmer, das Abgeschiedenheit und Ruhe mit großen Vorbildern teilt, selbst in dem Wissen, dass dieser Garten wenige Wochen später

in seine Einzelteile zerlegt wird.

Welche Farben inspirieren einen Schriftsteller? Hier setzen elegante, mehrstämmige *Betula nigra* Akzente, ein Baum, der am Wasser zuhause ist, kostbar durch seine abblätternde Rinde in Rosa- und Brauntönen. Sie geben den Ton an für das Zusammenspiel mit der Rosen 'Chianti' (= 'Auswine') und 'Tuscany Superb', ergänzt durch *Glyzinie* und einen silbrigen Akzent aus *Westringia fruticosa*. Die Beete selbst führen weiter ins Geheimnisvolle, winden und verzweigen sich zu stillen Rückzugsorten. Große Felsbrocken, deren eine Seite abgesägt und auf Hochglanz poliert wurde, um ihre Schichten sichtbar zu machen, lassen uns gleichzeitig über die Tiefe der Zeit nachdenken und halten uns in der Gegenwart verankert, denn der Glanz der Oberfläche ist eindeutig modernen Maschinen zu verdanken. Ein runder Sitzbereich greift denselben Stein in seiner natürlicheren Form auf.

Als der Künstler Tom Stogdon die Materialien

Oben, links: Wasserliebende Pflanzen säumen den Filterbereich des Schwimmteichs.

Oben, rechts: *Rosa* 'Louise Odier' und *Chaerophyllum hirsutum* 'Roseum'.

Gegenüber: Ein Kreis aus polierten Stücken aus Purbeck Stone [Kalkstein aus der englischen Grafschaft Dorset] bildet einen Sitzplatz, der nahezu vollständig von Blüten umschlossen ist.

und das Zeitkonzept des Gartens kennenlernte, fühlte er sich sofort zu einer der ältesten Fossilformen hingezogen, dem Ammoniten. Er nutzte ihn als lose Vorlage, um Steine so auszubalancieren, dass aus Altem etwas Neues entsteht – ein stiller Blickfang. Die daraus entwickelte Skulptur aus schwerem Purbeck Stone scheint am Rand des Teichs beinahe schwerelos zu schweben. Dieser steinerne Ouroboros erinnert zugleich an Anfang und Ende. Seine Kurven folgen den Bögen der Wege, die durch Nischen, Sitzplätze und Momente des Innehaltens führen. Als Verbindung zwischen dem hohen Gebäude und den niedrigen Sitzbänken greift er die Form und Funktion des Bullaugenfensters auf und eröffnet den Blick für weitere Szenen im Garten – hinaus in einen fast magischen Raum, so nah und doch scheinbar Welten entfernt.

Ein glücklicher Zufall ist etwas Schönes, wenngleich ich mich frage, ob er wirklich zufällig war. Manches scheint einfach sein zu sollen. Ein Garten mit echter Atmosphäre entsteht aus vielen über Jahre wandernden Fantasien, aus kleinen Eingriffen, Korrekturen, originellen Ideen, Experimenten und Versuchen. Dieses flüchtige Bild in einem Schaugarten einzufangen, ist mein Traum. Und manchmal scheint dieser imaginäre Bewohner tatsächlich lebendig zu werden. So war es hier, als hätte eine unsichtbare Hand diese Skulptur ausgewählt und platziert, um sie jenen zu hinterlassen, die nachkommen und sich an ihr erfreuen.

NATURBELASSENER GARTEN

Die Vision vor Augen

Im Herzen der Wealden-Landschaft, zwischen den ikonischen Gärten von Sissinghurst und Great Dixter, wurden über mehr als ein Jahrzehnt einzelne Gartenbereiche behutsam in den Alltag integriert – eine Hommage an ihre großen Vorbilder. Der Herbst kündigt sich an, doch selbst unter grauem Himmel leuchten noch die Farben spätblühender Stauden. Vor dieser Kulisse trotzen wir den kürzer werdenden Tagen und wagen heimliche letzten Sprünge ins Wasser.

Damit dieses alte Bauernhaus für seine heutigen Bewohner wirklich aufblühen kann, statt eine idealisierte Vergangenheit zu imitieren, folgte ich meinem Grundsatz: die umgebende Landschaft zu respektieren, die Kraft der Natur wirken zu lassen und nur dort behutsam einzugreifen, wo sich zeitgenössische Elemente organisch aus dem Ort ergeben. Die schrägen Lavendelbänke wichen neuen Terrassen mit reicher Textur und Farbe – in einer Palette, die sich die Eigentümer wünschten und die direkt aus ihrer Liebe zu Great Dixter heraus entstanden ist.

Durch diesen Garten, der sich um ein altes Farmhaus legt, führen Wege, die sich beinahe von selbst erschließen. Die Erklärung dafür, wie der Hauptweg entstand, beginnt bei den vorhandenen Buchen und Eichen, die hier schon so lange stehen, dass manche ihrer gefallenen Gefährten inzwischen selbst Teil der Gebäude geworden sind. Ein Viehtriebweg führt quer durch das gesamte Anwesen, und die Formen und Konturen des Geländes gaben uns Hinweise darauf, wie sich die einzelnen Bereiche deuten und nutzen lassen. Selbst Jahrhunderte nachdem hier keine Rinder

Dieser Swimmingpool ist eine jüngste Ergänzung an einem uralten Ort – entscheidend war, ihn so einzufügen, dass er seinem Umfeld gerecht wird und den genius loci respektiert.

Oben: Ziergräser und spätblühende Stauden, darunter *Helenium* 'Waltraut' und *Rudbeckia fulgida* var. *deamii*, bilden einen weichen Sichtfilter, der den Höhenunterschied im Gelände sanft überbrückt.

Rechts: *Helenium* 'Waltraut'.

mehr entlangzogen. So wurde ein Weg aus dem 17. Jahrhundert ganz selbstverständlich zur Zufahrt des 21. Jahrhunderts. Eine Senke wurde zur versteckten Außenküche, eine ehemalige Scheune zu einem Ort für Homeoffice und Feste. Wer sich Zeit nimmt, erkennt nach und nach Sinn und Zweck der einzelnen Räume und spürt zugleich ihre Geschichte. Ich kann nicht sagen, wer mich dabei leitet, doch es gibt eine präsente Instanz, die ermutigt und zugleich ermahnt. Ich weiß, was mir erlaubt ist, und ich spüre, wo es zu viel wäre. Die Geister des Gartens halten mich im Gleichgewicht.

Beete mit leuchtend grünen, fächerartig sich ausbreitende Kaskaden von *Euphorbia* x *pasteurii*,

einer Kreuzung aus *E.* 'stygiana' und *E.* 'mellifera', greifen fraktale Strukturen auf und legen sich wie Patchworkmuster über die Nachbarn. Um die Ecke begleiten zwei Beete sanft hinab in einen bewaldeten Bereich, wo Hartriegelstämme das winterliche Grau beleben und im Sommer in einer ruhigen grünen Schicht verschwinden. Der Weg führt weiter durch ein Zwillingspaar von *Betula utilis* var. *jacquemontii*, deren silbrige Stämme je nach Licht gespenstisch oder fröhlich wirken. Strauchbeete in Grün- und Lilatönen schließen sich an – bewusst gewählt, um mit den alten Buchen und Eichen zu harmonieren und zugleich die Materialien des Hauses leise zu spiegeln.

In einer Senke, die nach dem Entfernen eines kahlen Gebüschs entstand, öffnet sich eine Außenküche als Teil eines gemeinschaftlichen Bereichs. Dieser Ort sollte niemals so wirken, als sei er schon immer da gewesen, doch durch das genaue Lesen des Geländes und der Umgebung ließ er sich behutsam einfügen. Er verbindet den Raum für Feste mit der Hauptterrasse, ohne sich selbst ins Zentrum zu drängen. Von hier aus führt der Weg weiter, über eine Terrasse hinweg zu einem Pool – ebenfalls ein Neuzugang an diesem uralten Ort.

Ein Garten entsteht im besten Fall aus einem lebenslangen Gespräch mit denen, die ihn pflegen. Gemeinsam beobachten wir sein Wachstum, passen Pläne an, wenn die Natur einen besseren Weg zeigt, und finden Trost in Bäumen, Pflanzen und dem Leben, das sie anziehen. Ich arbeite mit den Konturen des Landes, feiere seine Lage und vermeide harte Eingriffe – zu viel Pflaster, zu viel sichtbares „Design". Weniger ist mehr. Am Ende schenkt uns das Land selbst all die Schönheit, die wir brauchen.

Gegenüber: Eine Outdoorküche und ein großzügiger Bereich zum Bewirten liegen nun in einer leichten Senke, die durch das Entfernen einer kahlen Strauchpflanzung entstanden ist.

Oben, oben: Spätblühende Stauden sorgen im Vordergrund für Spannung, während eine Birkenallee im Hintergrund eine zurückhaltende, strukturierende Kulisse bildet.

Oben, links: *Persicaria amplexicaulis* 'Firetail', *Foeniculum vulgare* 'Giant Bronze' und *Verbena bonariensis*.

Oben, rechts: *Gladiolus* 'Ruby'.

Auf der folgenden Seite: Weniger ist mehr. Etwas offenen, unkultivierten Raum zu belassen, lässt uns die natürliche Schönheit des Geländes umso bewusster wahrnehmen.

Samhain

Samhain, eines der vier alten keltischen Feuerfeste, markiert einen weiteren Wechsel der Jahreszeiten. Hierbei wird das Jahr in Licht und Dunkel geteilt: Beltane stand für das Licht und Samhain für die dunkle Zeit des Jahres. Diese beiden Abschnitte wurden durch die Kreuzvierteltage Imbolg und Lughnasadh weiter unterteilt. Vielleicht überrascht es, dass Samhain, auch wenn der Name heute kaum gebräuchlich ist, noch immer präsent ist – Halloween gilt als sein kultureller Nachfahre.

Samhain zählte einst zu den wichtigsten Festen des Jahres. Es markierte den Übergang in ein neues Jahr, den Abschluss der Ernte und die Vorbereitung auf den Winter. Tiere wurden in die Ställe gebracht, Vorräte gesichert, Feste gefeiert und Angelegenheiten geregelt. Zugleich galt diese Zeit als Moment, in dem die Welt der Götter den Menschen besonders nah war. Der irische Historiker Geoffrey Keating hielt im 17. Jahrhundert in seiner *History of Ireland* fest, dass „es Brauch war, am Vorabend von Samhain allen Göttern Opfer darzubringen... und dass es bei Strafandrohung verpflichtend war, in dieser Nacht alle Feuer in Irland zu löschen. Den Männern Irlands war es untersagt, neue Feuer zu entzünden, außer von dem einen [Haupt-]Feuer." Dieses Samhain-Feuer wurde aus den Knochen der Opfertiere entfacht – aus diesem „bone-fire" entwickelte sich „Bonfire" (engl. Freudenfeuer).

Eine zeitgemäße Neuinterpretation klassischer Strauchpflanzungen: Ziergräser verbinden sich mit *Physocarpus,* Hortensien und Ahornen zu einer zurückhaltenden, nicht dominanten Präsenz im vom Haus am weitesten entfernten Gartenbereich.

Pub-Garten

Gärten werden erst durch Menschen zu dem, was sie sind. Jedes Stück Land, das gezähmt wurde, zeigt unsere Anwesenheit. Wir verstehen uns als Hüter dieser Orte, als Wächter mit der Verantwortung für das Wohlergehen eines Bereichs, den wir uns für eine Weile von der Natur leihen. Gärten entstehen, damit wir sie nutzen können, um uns zwischen Pflanzen aufzuhalten und wenn ein Garten auch ein öffentlicher Raum ist, wird die Frage „Für wen ist der Garten eigentlich?" richtig groß.

Seit Anbeginn der Zeit zieht Feuer Menschen an. Das lateinische Wort für Feuerstelle oder Herd ist „focus" – kein Zufall, dass es heute etwas bezeichnet, worauf wir schauen, wo wir uns versammeln wollen. Der Mittelpunkt. Für diesen Garten mit seinen vielen Funktionen und für viele verschiedene Menschen wurde ein zentrales Feuer als verbindendes Element geplant. Ja, es ist ein Pub-Garten – ein Ort für Musik, Hochzeiten, Frost- und Kuckucksjahrmärkte, kreative Workshops, ebenso wie zum Essen, Trinken, Lesen oder für das Zusammensein mit Freunden. Als öffentlicher Raum muss er ganzjährig funktionieren und zugleich eine tolle Kulisse für besondere Momente im Leben bieten. Feuer ist ein starkes Element, um all das zu vereinen.

Das Gasthaus plante vier Hobbit-artige Gästehäuser mit leicht schiefen Türen, sanft in die Landschaft eingebettet und abgesenkt, um die Skyline nicht zu dominieren. Der Garten sollte sich um sie herum schlängeln. Die bewusst magisch-mystische Architektur weckte Assoziationen an prähistorische Hügel und Steinkreise. So entstand die Idee, hier mit großzügigen Kurven zu arbeiten. Der Raum ist begrenzt, umso wichtiger war eine Außenwelt mit Charakter. Privatsphäre hat Priorität: gegenüber den anderen Lodges, dem Pub und dem Parkplatz. Organische Schichten, Höhen und Konturen schaffen Rückzug, lenken Blicke und erzeugen einen natürlichen Bewegungsfluss mit kleinen Momenten des Innehaltens. Die Wege führen klar auf ein *Ziel* zu, doch der Weg selbst ist genauso wichtig wie das Ankommen. Besucher müssen sich durch den Garten schlängeln. An Übergängen mit Höhenunterschieden lenken bewusst platzierte, dornige Pflanzen den Weg – schön anzusehen und doch wirksam abschreckend, etwa wie *Rosa spinosissima* und *R. rugosa* zum Einsatz. Letztere ist ein echter Ausbreitungskünstler und wird sich, dessen bin ich sicher, innerhalb dieses klar gefassten Raumes genau dort ausbreiten, wo sie gebraucht wird.

Pflanzen übernehmen hier die Rolle sanfter, wirkungsvoller Schutzwände. Blumen und Gräser setzen ganzjährig heitere Farbakzente, eingefasst von essbaren Hecken und Obstbäumen, deren Ertrag der Pubküche zugutekommt. Felsenbirne, Quitte, Hasel, Szechuan-Pfeffer, Schlehe, Pflaume, Birne, Herbstolive sowie Rosen für Blüten und Hagebutten liefern reiche Ernte für Sammler und genug Futter für die Vögel.

Um den Ort zugänglich und rustikal wirken zu lassen, säumen Gabionen den Garten. Ihre besondere Persönlichkeit erhalten sie durch die Verwendung von Objekten, die über Steine hinausgehen: Wir integrierten Fundstücke aus der Küche, etwa leere Flaschen mit Deckeln, zerbrochenes Geschirr, schöne Dinge,

Links: Der Weg im Garten des „The Bell" in Ticehurst ist ebenso bedeutsam wie das Ziel – eine behagliche Feuerstelle.

Auf der folgenden Seite: Bänder aus *Calamagrostis x acutiflora* 'Karl Foerster' verleihen diesem Pubgarten Höhe und Struktur und fangen das Licht der untergehenden Sonne ein.

die ihren ursprünglichen Zweck erfüllt haben und nun ein zweites Leben finden.

Ist die Kulisse gesetzt, rückt die Privatsphäre wieder in den Fokus. Es braucht Schleier und zugleich Orientierung. Dafür eignen sich die aufrechten Halme von *Calamagrostis* x *acutiflora* 'Karl Foerster'. Dieses Zierfedergras ist halbtransparent und setzt wie ein ruhiger Wächter Orientierungspunkte. Darunter bilden Rosmarinpolster weiche, immergrüne Gegenpole zu den hohen Gräsern. Und das graue Laub des Lavendels bleibt noch lange erhalten, selbst wenn sein Duft für diese Saison bereits verklungen ist.

Ist die Struktur gesetzt, ist Zeit für die schönen Dinge. Das Pflanzkonzept reift zwar spät, wird aber früh mitgedacht. Was wird im April gut aussehen? Natürlich Tulpen und eine Wiese voller Zwiebelblumen. Dann kommen *Erigeron karvinskianus* und robuste Storchschnäbel für einen entspannten, pflegeleichten Mai und Juni, *Sedum* für Struktur, *Stipa tenuissima* als feines Gegengewicht zu ihren höheren Verwandten, dazu Skabiosen und Margeriten für Bestäuber ebenso wie für Hochzeitsfotos. Die Bepflanzung soll weich wirken, Übergänge schaffen, mit wenig Erde auskommen und selbst harte Grenzen mildern – ohne jemals

Gegenüber, links: Der Olivenbaum vor dieser essbaren Hecke war bereits vorhanden und wurde nun mit Apfel- und Birnbäumen ergänzt. Dahlien sorgen bis in den Herbst hinein für Farbe.

Gegenüber, rechts: Der trockenheitsverträgliche *Erigeron karvinskianus* gedeiht problemlos auf den steinernen Gabionenmauern.

Rechts: Im Frühjahr entsteht hier aus Tulpen und anderen Frühjahrsblühern eine sich ständig wandelnde Wiesenlandschaft, die zugleich eine florale Kulisse für die hier beliebten Hochzeitsfotografien bildet.

Auf der folgenden Seite: *Dahlia* 'Ambition' und *D.* 'Dark Spirit' setzen markante Akzente vor den erdigen Tönen des Grases *Molinia caerulea subsp. arundinacea* 'Transparent'.

geplant auszusehen. Ein Garten zum Leben, zum Feiern, voller Bienen und Schmetterlinge. Dass das Umherstreifen in den Beeten inzwischen regelmäßig untersagt werden muss, werte ich als Kompliment.

ZUSAMMENARBEIT

Mit einem Architekten einen Garten gestalten

Jeder Ort weist uns eine gestalterische Richtung, sei es durch das Haus, durch die Art des Wohnens, die Blicke in den Garten oder die Landschaft dahinter. Manchmal scheint alles ideal zusammenzukommen: ein gewachsener Wohnort mit Räumen voller Ausblick und einem weitläufigen Garten. Oder eröffnet genau das am Ende zu viele Möglichkeiten?

Dieses Dilemma begegnet einem häufig. Wie lässt sich aus unendlich vielen guten Lösungen auswählen? In der Designschule lehrt man, eine große Leitidee zu formulieren, ein Thema, das Halt und Richtung gibt. Doch draußen, mit echten Menschen und echten Gärten, verliert diese Idee oft an Schärfe. An ihre Stelle tritt etwas anderes: eine stille, behutsame Auseinandersetzung mit dem Ort, den Menschen – und dem, was beide wirklich brauchen.

Ist ein Architekt beteiligt, eröffnet sich eine besonders spannende Ebene – das Gespräch mit dem Schöpfer des Gebäudes, der den Ort in Bezug auf Kontext, Raum und Licht bereits tief durchdrungen hat. Auch hier steht meist eine klare Leitidee am Anfang, getragen von Monaten oder Jahren sorgfältiger Auseinandersetzung mit dem Grundstück. Wenn es schließlich darum geht, dem Haus nach außen Wärme und Weichheit zu verleihen und es wirklich bewohnbar zu machen, geht diese Verantwortung an die Landschaft über. In diesem Moment entsteht oft ein substanzieller Dialog auf Augenhöhe. Treffen gestalterische Denkweisen auf philosophischer Ebene aufeinander, entsteht häufig ein Ergebnis, das allen, die das gemeinsame Werk später betrachten, wie ein spontaner Glücksfall erscheint.

In dieser Landschaft sind die geraden Linien und Hecken, die die formelleren Gartenbereiche nahe am Haus gliedern, bewusst als Zeichen gesetzt – als Ausdruck von Ordnung und Zivilisation.

Ein gelungenes Refugium: Dieses Haus vereint Elemente des 16. Jahrhunderts und der viktorianischen Epoche mit feinfühligen moderne Akzenten. Die Landschaft entstand im Dialog mit der Natur, die Gärten im Zusammenspiel aller Beteiligten. Mutter Natur wird hier bewusst von der Leine gelassen – die Topografie trägt rasch fort von den formalen Linien nahe dem Haus. Entsprechend bleiben geschnittene Topiarien und Hecken zunächst am Gebäude verankert, um sich dann Schritt für Schritt zu lösen, an Strenge zu verlieren und in offene Wiesen überzugehen, wo Ordnung dem Wilden Platz macht.

Nahe am Haus setzen klare Linien ein Zeichen von Ordnung und Beständigkeit. Rechtwinklige Beete, Rasenterrassen und kraftvolle Plattenstufen verankern das Gebäude im Gelände und bekennen sich zu 500 Jahren Kontinuität. In der ersten Zusammenarbeit von Architekt William Deakins und den Eigentümern ging es um Stabilität, die der Würde des Hauses entspricht: Eibenhügel und Buchenhecken geben den Weg vor und ordnen den am intensivsten genutzten Gartenteil. Zum offenen Land hin löst sich diese Strenge allmählich auf – harte Materialien gehen sanft in eine weichere Landschaft über, die sich selbstverständlichin die Gegend von Sussex einfügt.

Auch ohne Fachwerkwände entstehen im Außenbereich klar gefasste Räume. Wie im Inneren führen Stufen von A nach B, von einer Ebene zur nächsten. Mit jedem Höhenwechsel, mit jedem neuen „Zimmer“, verändert sich auch draußen

Gegenüber: Schlichte gemähte Wege bilden einladende Pfade durch das hohe Gras.

Oben: “Große, in den Hang eingesetzte Granitplatten bilden Stufen und nehmen die warmen Farbtöne der Hausfassade auf.

unsere Absicht, wie wir den Raum nutzen wollen. Großzügige in die Hänge eingelassene Granitplatten greifen die warmen Fassadentöne auf und bieten ganz selbstverständlich Halt, während man sich in sanftere Landschaften hinabbewegt. Sie schmeicheln dem Auge und weisen unmissverständlich den Weg zur Entspannung. Die Linien dieser Stufen erscheinen und verschwinden, Materialien treten vor und ziehen sich zurück. Hohe Stauden mildern die tudorzeitliche Geometrie. So entfaltet sich eine Abfolge wandelnder Szenen, während die Jahreszeiten ineinander übergehen. Zeitlos.

Mit ihren hohen Blütenständen setzen *Veronicastrum* dezente Farbakzente und Struktur in den terrassierten Beeten, die durch Buchen- und Eibenhecken gegliedert sind und sich dem Gelände anpassen.

Oben: Die Auftraggeber wünschten sich eine zurückhaltende Pflanzpalette, die sich harmonisch vor das historische Fachwerkgebäude einfügt.

Eine Scheune für alle Jahreszeiten

Zur Wintersonnenwende, wenn das Licht am schwächsten ist, kehrt Ruhe ein. Der Garten scheint zu schlafen und lädt zum Innehalten ein. Auch in den kalten Monaten zeigt er Farbe, doch zugleich treten die Schichten der Zeit hervor – die gebleichten Knochen werden sichtbar, freigelegt. Reine Struktur rückt ins Zentrum, entblößt von allem, was sie in den wärmeren Monaten schmückt.

Wenn ich an einen geschichtsträchtigen Ort oder in eine solche Landschaft komme, denke ich darüber nach, wofür sie einst stand, was sie heute sein möchte, wo sie liegt, wie sie ausgerichtet ist. Was ich feiern muss und was ich eigentlich feiern will. Hier sind es Eichen, die Felder. Der Ort selbst. Was soll daraus entstehen? Eine Kulisse, ein Rundgang durch den Garten und durch die Zeit. Letzteres lässt sich nicht immer leicht in Worte fassen, doch es ist das, was mich beschäftigt, wenn ich an einem so schönen Platz stehe und mich frage, ob ich überhaupt eingreifen darf. Nach und nach formt sich ein Bild der Möglichkeiten. Was kann ich hinzufügen? Nähe, Ecken und Ziele, klar definierte Rückzugsorte und Plätze, die sich scheinbar zufällig zu wilden Ausblicken öffnen. Geheime Nischen und offene Flächen.

So ist dieser Garten entstanden. Die Eigentümer haben einen Ort gefunden, um ihren eigenen geheimen ummauerten Garten anzulegen. Alles Weitere ergab sich aus dem Land, dem Haus und seiner Geschichte. Als Pflanzenspürerin begann ich, das Gelände zu lesen – und ließ mich leise dorthin führen, wo es hinwollte. Einst hätte diese Scheune keinen Garten gehabt, aber es hätte Trampelpfade gegeben, die zu ihr führten. Viehtriebwege, Karrenspuren. Ein Ort, den man regelmäßig aufsuchte – eine Scheune mit Zweck. Und so zieht sie auch heute wieder Menschen an, wenn auch versteckt hinter einer neuen Pflanzlinie.

Die winterlichen Knochen tauchen auf, gefroren, karg und doch lebendig, auf einem Feld, wo scheinbar nichts geschieht. Dass alles vollständig wirkt, still und gesetzt, war das Ziel. Denn kurz zuvor hatte sich hier viel getan. Die Scheune aus dem 18. Jahrhundert war tatsächlich abgebaut, um 20 Meilen versetzt und hier Balken für Balken, Zapfen für Zapfen, Ziegel für Ziegel wieder errichtet. Ein neuer Ort für ein altes Gebäude, das eine neue Inkarnation brauchte, um sich wie ein Zuhause anzufühlen, um sich im fremden Land zu verankern und Beständigkeit zu bekommen.

Ein leeres Feld steckt voller Potenzial. In jedem Rahmen suche ich nach Geschichten. Nach einer Möglichkeit, Geschichte für die Gegenwart neu zu interpretieren, einem Ort eine tiefe Bedeutung zu verleihen. Ein ummauerter Garten bietet dafür den idealen Rahmen, voller Kletterrosen, Glyzinien und Clematis, umgeben von einfach angelegten Beeten, als klassisches und wirkungsvolles Zeichen von Feinsinn, Aufmerksamkeit und Absicht. Bänke an den richtigen Stellen laden ein zum Lesen, zum Schutz vor der Sonne oder um im Sommer den Duft der Pflanzen zu genießen. Wege durch Wildblumen führen zu einem Hain aus Hainbuchen auf der anderen Seite des Gartens – einem weiteren Raum – mit grünen Wänden, die einen stillen Teich umschließen, der die Spiegelungen einer alten Eiche und des wechselnden Himmels einfängt.

Auch innerhalb eines vorgegebenen Rahmens, ob leer oder belebt, können Geschichten, Bedeutung und Struktur entstehen.

Kleinere Reflektionsflächen in Form von Wasserbecken spiegeln den Himmel an anderen Stellen des Gartens wider. Hinter Hecken verborgen befinden sie sich direkt vor dem Musikzimmer, das meist vom Pianisten des Hauses genutzt wird. Vogelfutterstellen sind überall verteilt und versorgen die Tiere in der kargen Jahreszeit mit Samen. In diesem einst leeren Raum führen die neuen Wege nun ganz bewusst zu stimmungsvollen Orten und unterstreichen, wie wertvoll es ist, sich auf eine Reise zu machen.

Der Winter offenbart den Höhepunkt der Geschichte. Grüne Bäume werden silbrig, das Leben zieht sich unter die Erde und in die Wolken zurück, die Tage werden kühl und still. Vielleicht empfinden wir eine leise Beklemmung angesichts der Tatsache, dass die längste Nacht des Jahres unaufhaltsam näher rückt, ein nagendes Unbehagen vor der bevorstehenden Dunkelheit, die Monate anhalten wird. Doch in der Akzeptanz des ewigen Kreislaufs der Jahreszeiten liegt zugleich Trost. Wir finden in uns selbst die Kraft hinauszugehen und den Frost zu erleben, uns durch seine scharfe Präsenz um 20 Meilen versetzt gleichermaßen versichern zu lassen, dass die Natur nach einem Zeitplan funktioniert, der so vorhersehbar ist, dass unsere Vorfahren ihre Aussaat, ihre Rituale und ihre Ernten danach ausrichten und ihr ganzes Leben danach organisieren konnten. Warum sollten wir uns also nicht genauso wohlfühlen beim Spaziergang durch lange Schatten kurzer Tage, wie unter der prallen Sonne? Man sagt, Veränderung sei die einzige Konstante. Vielleicht. Doch diese Aussage scheint mir eine Fehlinterpretation von Menschen zu sein, die zu weit vom Kreislauf der Natur entfernt sind, um das völlig vorhersehbare Muster zu erkennen, das sich jedes Jahr wiederholt.

Gegenüber: Ein kreuzgangähnlicher Raum aus geschnittenen Hainbuchen umschließt ein Wasserbecken.

Oben: Niedrige Hecken aus Buche und Hainbuche gliedern den seitlichen Garten und greifen zugleich die Farbtöne der geschnittenen Hainbuchen dahinter auf.

Unten: Eine von Raureif überzogene Skulptur im ummauerten Garten wirkt wie ein geisterhafter Ausblick auf das kommende Jahr.

Links: Harte und weiche Elemente greifen ineinander und verleihen dem Garten im Winterlicht Struktur und Tiefe.

Gegenüber, oben: Ziergräser werden hier bewusst stehen gelassen, solange sie stabil sind, um Tieren Lebensraum und Nahrung zu bieten.

Gegenüber, unten: Selbst in der bitteren Kälte bringen manche Rosen noch hoffnungsvoll einzelne Blüten hervor, während Zieräpfel willkommene Farbakzente im Winter setzen.

Blüten im Frost

Warum überrascht uns ein später Frost eigentlich immer wieder? Wir stellen uns Jack Frost als silbrige Wintergestalt vor, doch allzu oft erscheint er genau in dem Moment, in dem wir ihn gedanklich längst verabschiedet haben. Als Optimisten sind wir fast schon entsetzt beim morgendlichen Blick aus dem Fenster, wenn da jemand in der Nacht einen kleinen Tanz im Garten aufgeführt hat und das Gras zwischen frühen Zwiebelblumen und Blüten tückisch funkelt.

Dieser Garten wurde von seinen Hütern befreit. Abgestorbene und kranke Bäume wichen und eine entschlossene Neupflanzung folgte – mit dem festen Willen, dem Land etwas zurückzugeben. Kirschbäume und Felsenbirnen stehen nun bereit und schenken dem Frühjahr heitere Akzente, mehr Architektur braucht es hier nicht. Ergänzt werden sie durch großzügige Gruppen von *Osmanthus* x *burkwoodii*, die ein Rondell umspielen, bewusst gesetzt, um ein Gefühl des Ankommens zu erzeugen und zugleich Offenheit und Licht zu bewahren.

Schlichte, funktionale Böschungen hielten das Land in Schach; durch Wildblumensaat wurden sie in einladende Bereiche verwandelt, in denen sich *Narcissus pseudonarcissus* und *Camassia* im kargen Boden etablieren. Übergänge werden für kurze Zeit von Tulpen gerahmt, die nur für eine Saison an Ort und Stelle gepflanzt sind, bevor sie in die Wiesen umziehen – in der leisen Hoffnung, dort eines Tages erneut zu erblühen.

Überall auf Zweighöhe leuchten Rosa- und Weißtöne und erfreuen uns – wie es bei Blüten nun einmal so ist. Die zarte Standhaftigkeit kleiner

Frühlingsblüten sorgen nun für einen ersten freundlichen Akzent auf den einst vernachlässigten Böschungen dieses Gartens in Sussex.

Oben und rechts: Der Blick durch blühende Zierkirschen und Felsenbirnen auf einen Kreis aus *Osmanthus x burkwoodii* vermittelt ein Gefühl des Ankommens und bewahrt zugleich Offenheit und Licht.

Oben: Frühjahrsblüher wie Tulpen, Muscari und Ipheion bringen Farbe auf Bodenniveau; weiter oben sorgen früh blühende Clematis für Akzente, noch bevor die Rosen, an denen sie emporgezogen sind, zu blühen beginnen.

Blüten, ihre pastelligen Farben und papierfeinen Texturen, stehen im stillen Widerspruch zu den eisigen Temperaturen, als wollten sie der Jahreszeit trotzen. Die Magnolie, obwohl kräftiger in ihrer Form, macht uns alljährlich am nervösesten. Während wir beobachten, wie sich ihre Knospen langsam öffnen, geschützt von ihrer Zähigkeit, senden wir leise Wünsche an alle Gartenwesen in der Nähe. Es ist ein stilles Gartengebet, und die meisten Gärtner wären bereit etwas sehr Wertvolles zu versprechen, damit diese Blütenblätter von frechen, stählernen Besuchern verschont bleiben.

Manchmal werden wir belohnt, ein anderes Mal scheint niemand zugehört zu haben. Ein Jahr Glück, im nächsten keines. So ist das Gärtnern. Sobald man das akzeptiert, ergibt alles mehr Sinn, andernfalls wäre es schwer, Jahr für Jahr durchzuhalten, im Wissen, dass uns etwas jederzeit durch eine Laune des Wetters genommen werden kann. Ja, der Frost mag das zarte Rosa der Blüten in eine matschige, braune Masse verwandeln. Doch vielleicht hatten wir das Glück, sie wenigstens einen Tag lang in voller Blüte zu sehen und die Romantik zu genießen. Dieser Anblick allein genügt, um Dankbarkeit zu empfinden und dem Garten treu zu bleiben, egal, was das Jahr bringt.

Oben, links und rechts: Der Garten verfügte bereits über einige wunderschöne Magnolien, deren romantische Farbakzente den pastelligen Grundton für die übrige Pflanzung vorgaben.

Auf der folgenden Seite: Formschnittkugeln markieren den Übergang vom Rasen und setzen eine sanfte Zäsur zwischen den intensiv gepflegten Gartenbereichen und der dahinterliegenden Landschaft.

GARTEN DER SCHRIFTSTELLER

Frühlings-Tagundnachtgleiche

Zur Frühlings-Tagundnachtgleiche halten sich Licht und Dunkelheit die Waage. Hoffnung liegt in der Luft, als würden die Sonnengötter – Osiris, Dionysos, Hun Hunahpu – für uns gegen die Dunkelheit kämpfen und gewinnen. Während dieser Kampf andauert, warten Samen und Zwiebeln in der Erde geduldig auf ihr Zeichen auszubrechen. Sie kennen diese Zyklen besser als wir. Der Frühling kommt eines Tages. In den ersten Wochen wage ich es, Türen und Fenster zu öffnen, höre den geschäftigeren Gesang der Vögel und entdecke am Himmel gerade genug Blau, um an Aufbruch zu glauben.

Es fällt nicht schwer, die Frühlingsgöttin heraufzubeschwören, wenn man durch diesen Garten in Norfolk wandert, wo nun, mit dem erneuten Einzug des Lebens, auch die Orchideen zurückgekehrt sind. Ich bin überzeugt, dass Eostres Hasen hier zu sehen sind. Mit Magie, Verwandlung, Intuition und Wiedergeburt verbunden, galten Hasen früher sogar als Eierleger. Sie tauchen zur Frühjahrs-Tagundnachtgleiche auf, boxen auf den Feldern und verheißen ein fruchtbares Jahr. Dieser Ort zeugt von Hoffnung und produktiven Ideen, ebenso wie einer von Früchten und Blumen.

Auch die Vögel erzählen von der Bedeutung dieses Ortes. Die Druiden lehren, dass die Amsel den Übergang der Jahreszeiten markiert und für Neubeginn steht. Die weise Eule erscheint hier oft in der Dämmerung – zur Feenstunde, wenn Geister und Hexen unterwegs sein sollen. Raben ziehen schützend über uns hinweg, während unweit davon Schwäne, die Vögel der Dichter, lautlos

Dieses Haus in Norfolk gehört der Schriftstellerin Justine Picardie und ihrem Mann Philip Astor.

Der Frühling wurde schon immer gefeiert

Die Druiden feiern die Frühjahrs-Tagundnachtgleiche mit dem Fest von Alban Eilir, dem „Licht der Erde". Auch Eostre, die angelsächsische Göttin der Fruchtbarkeit für Menschen und Feld, wird im Frühling gefeiert. Ihre ihre Symbole sind das Ei und der Hase. Die walisische Blumenjungfrau Blodeuwedd wurde aus den Blüten der Eiche, aus Ginster und Mädesüß erschaffen – nur um zur Strafe für den Plan, ihren Mann zu töten, in eine Eule verwandelt zu werden, die nie wieder das Tageslicht erblicken durfte. Der Frühling ist eine Zeit der Freude. Das jüdische Fest Purim ist von Ausgelassenheit und Heiterkeit geprägt, während in Indien das hinduistische Holi-Fest die Ankunft des Frühlings, der Liebe und der Fruchtbarkeit zelebriert, mit Explosionen von Farbpulver, das die Menschen einander lachend zuwerfen.

Dieser romantische, natürliche Garten wirkt eng mit seinem Ort und den Menschen verbunden und vermittelt ein Gefühl von Ruhe, Nähe und leiser Magie. Seine Schönheit liegt in der Schlichtheit.

über den River Waveney gleiten. Es sind Vögel der Inspiration. Sie tragen Ideen aus anderen Welten in die unsere, fordern uns auf, tiefer zu gehen und den inneren Regungen Raum zu geben.

Ich habe besondere Tage mit der Autorin Justine Picardie verbracht, während wir durch die von ihr und ihrem Mann Philip liebevoll gepflegten Gärten gingen. Gemeinsam lasen wir die Landschaft und entwickelten behutsame neue Eingriffe. Die angelegten Wiesen blühen heute unter Justines Obhut: Frühlings- und Frühsommerzwiebeln gehen allmählich in heimische Wildblumen über, feine Farbakzente im Grün, erfüllt vom Summen und Brummen der Bestäuber.

Wildblumenwiesen sind Lebensräume, deren Wert ich nicht benennen kann. Wir haben einige nicht-heimische Arten ergänzt, denn Vielfalt verlängert die Blütezeit und bietet mehr Pollen und Lebensraum. Den Auftakt machen Schneeglöckchen und Zwergiris, wilde Narzissen und Schachbrettblumen; ihnen folgen Wildblumen und Gräser. Dann ist es Zeit für Camassien und Zierlauch, die in Blau und Violett aufleuchten, bevor Kuckucks-Lichtnelken und Margeriten übernehmen. Kleine Juwelen in einer blühenden Wiese.

Man muss nicht immer den ganzen Garten

Oben: Wildblumenwiesen sind Lebensräume von unschätzbarem Wert; sie bieten im Lauf des Jahres unzähligen Arten Nahrung und Schutz.

Gegenüber: Weiche, romantische Pflanzungen schaffen einen besonders sanften Übergang von der Terrasse zum Rasen.

umgestalten, um etwas zu bewirken. Oft reicht eine durchdachte Bepflanzung, um alles zu verändern. Eine charmante Seitentür am Haus wurde durch eine sorgfältige Pflanzenauswahl zu etwas Besonderem. Romantisch und natürlich, mit echtem Gespür für den Ort und seine Besitzer – dieser Garten ist voller Magie und Freundschaft. Die Pflanzen tragen auch Geheimnisse und Geschichte in sich. *Tricyrtis formosana* 'Dark Beauty', auch Krötenlilie genannt, ist perfekt für schattige Beete und eine absolute Schönheit, die sich vor allem aus der Nähe offenbart – weshalb sie oft übersehen wird. Für Justine wollte ich, dass der Eingang still und schön wirkt, nicht sofort ins Auge springt. Er steht ruhig da und wartet auf deine Ankunft – wann immer du willst.

Im Spätsommer werden die Rosen zu duftenden Armen voller Schönheit und Zuversicht und wecken Erinnerungen an eine Rosenfarm in Südfrankreich, ganz den feinsten Essenzen verschrieben. In ihren Büchern lässt Justine die mutigen Geister ihrer Schwester Ruth lebendig werden, ebenso jene von Coco Chanel und der Blumenbäuerin Catherine Dior. Dieser Garten ist ein Ort der Inspiration und des Erinnerns, getragen von Geschichten, die weit über Worte hinausgehen. Die Geister dieser Menschen sind gegangen und doch gegenwärtig, unauflöslich verbunden mit diesem stillen, friedlichen Ort. Spüren Sie es auch?

Oben, oben und unten: Die geometrischen Formen von Camassia und Allium leuchten in Blau- und Violetttönen vor dem grünen Hintergrund.

Zart und leicht gewählte Pflanzungen lassen die Seitentür des Hauses heute auf besondere Weise einladend erscheinen.

Wachsende Energie

Kaum betritt man diesen Garten, sind graue Himmel vergessen. Dieser blumenreiche, texturgewaltige, bunte, glücksbringende Garten von Friseur Sam McKnight sorgt immer für gute Laune. Während man sich im Zickzack durch den Garten bewegt, zickzackt man zugleich durch die Zeit: Die klare Winterstruktur zeigt nackte Grundlinien und geschwungene Wege, die zugleich eine Reise andeuten und ein Versprechen auf Kommendes in sich tragen. Die Energie und Hoffnung, die mit dem Beginn des Mais kommen, werden eingeleitet von Tausenden von Tulpen – eine Lektion über die Wirkung von Farbe, die mir über die Jahre von einer Freundin erteilt wurde. Rosen bringen danach leise Eleganz, bevor Dahlien den Sommer mit einem letzten, selbstbewussten Farbfinale beschließen.

Dieser Garten gehört einem wahren Pflanzenliebhaber. Zu bescheiden, um sich Kenner zu nennen, bezeichnet Sam sich lieberals Pflanzenjunkie. Oft haben wir gemeinsam vor dem Garten gestanden und laut verkündet: „Hier passt wirklich nichts mehr rein!" Eine Stunde später überzeugten wir uns gegenseitig vom Gegenteil. Pflanzen fühlen sich von diesem Ort angezogen.

Diese schlichte Rasenfläche war früher viel größer, sie nahm den gesamten Garten ein. Im ersten Entwurf der neuen Gestaltung schlängelten sich beidseits geschwungene Beete entlang, mit einem zentralen Inselbeet, das eine sanfte Unterteilung schafft. So entstand die Idee, dass es noch mehr zu entdecken gibt, wenn man nur ein wenig näher rangeht.

Dieser blütenreiche Garten des Hairstylisten Sam McKnight zaubert mit seiner schieren Überschwänglichkeit immer wieder ein Lächeln ins Gesicht.

Beltane

Das gälische Maifest Beltane markiert den Moment, in dem wir spüren, dass wir wirklich etwas schaffen können – wenn sich die kreative Energie freisetzt und wir beginnen, das umsetzen, worüber wir im grauen Winter und frühen Frühling nur nachgedacht haben. Zwischen Frühjahrs-Tagundnachtgleiche und Sommersonnenwende gelegen, feiert es das Erwachen kreativer Energie und den Schritt von der Innenschau ins Außen. Die Welt wird fruchtbar, das Vieh kehrt auf die Weiden zurück, das Leben entfaltet sich. Traditionell wurden alle Herdfeuer gelöscht und aus einem gemeinsamen neu entzündet – um wortwörtlich die Verbindung zwischen Nachbarn zu erneuern, während die Welt aus der Dunkelheit ins volle Licht tritt. Beltane steht für Staunen und Hoffnung, für das Wiederfinden unserer Beziehung zum Land und zu dem, was uns trägt.

Mit den Jahren schrumpft der Rasen ganz von selbst, während die Beete immer größer werden. Ständig kommen neue Pflanzen hinzu – ein echtes Paradies für einen leidenschaftlichen Gärtner.

Die Grundidee war, genügend Raum für Picknickdecken auf dem Gras zu lassen, genügend Raum, damit Freunde sich ungezwungen niederlassen und ausbreiten können.

Doch während die Pflanzen ihre Plätze in den Beeten eingenommen, mit ihrer Pracht überzeugt haben und zu Freunden geworden sind, ist die Rasenfläche allmählich geschrumpft, während die Beete sich Jahr für Jahr unmerklich größer wurden. Die Menschen jedoch passen sich dem Raum an; sie bewegen sich darin und bleiben dort stehen, wo es sich richtig anfühlt. Da gibt es viele gemütliche Ecken für Tee, für Gartengespräche, für Pflanzenentdeckungen. Ich frage mich, wie viele hier wohl bereits vom Gärtnern angesteckt wurden. Mit Freunden zu gärtnern ist schließlich ein Traum.

Zu Beltane liegt neues Licht über dem Garten. Zarte Rosatöne und tiefe Rottöne werden von Orange und Apricot ergänzt, aber nie unterbrochen. Pastelltöne wirken hier vollkommen selbstverständlich und es fällt schwer, sich diesen Ort in einer anderen Stimmung vorzustellen. Später im Jahr weicht diese Zurückhaltung der Kraft des Feuers, wenn Dahlien und Gladiolen übernehmen, während sich das Rad des Jahres weiterdreht. Hier in Sams Garten ist die Kulisse aufgebaut und der Ort vorbereitet. Wie viele Pflanzen sind im Laufe der Jahre hinzugekommen? Ich habe längst den Überblick verloren. Doch jede einzelne scheint genau hierherzugehören.

Gegenüber: Diese üppigen, maximalistischen Beete sind selbst die Architektur des Gartens; sie formen eine Abfolge von Pflanzkörpern, die zugleich gliedern und verbergen.

Oben: Sam und ich haben längst den Überblick über die Anzahl der Rosen in diesem ihrer Schönheit gewidmeten Garten verloren. Dazu zählen unter anderem *Rosa* 'Lady of Shalott' (= 'Ausnyson'), *R.* 'Gentle Hermione' (= 'Ausrumba') und *R.* 'Gertrude Jekyll' (= 'Ausbord').

Ein Nachbarschaftsgarten

Mit dem Sommerbeginn richtet sich der Blick auf das, was im Garten gewachsen ist und auf den Verlauf des eigenen Jahres. Die lange Ferienzeit war ursprünglich dafür gedacht, dass Kinder bei der Ernte mithelfen konnten. Traditionell betrachtet ist es eine Zeit des Zusammenkommens, in der Nachbarn und Familien gemeinsam anpackten. In den drei benachbarten Gärten lebt dieser Geist bis heute weiter: Haushalte kommen zusammen und schaffen Räume für Menschen und Tiere, gleichberechtigt und im Miteinander.

Den Auftakt dieser Gartenterrasse bildet ein klassischer Naturgarten: nichts Glamouröses oder Neues oder Modisches, dafür lose aufgeschichtete Holzstapel und Wassereimer. Er gehört einer Person, der das Gehen nicht mehr so leichtfällt, vielleicht jemandem von etwas höherem Alter, die den Garten nicht makellos halten kann, aber Pflanzen, Gemüseanbau und, am wichtigsten, die Natur und die Tiere liebt.

Unabhängig davon welchen Gartenstil Sie bevorzugen, ist eine Vielfalt an Blütenformen von Bedeutung: Unterschiedliche Insekten steuern unterschiedliche Blüten an, schaffen Sie ein buntes Sammelsurium. Große, offene Rosen sind für Bestäuber besonders einladend. Fenchel, Berufkraut, Fingerhut, Schnittlauch, Minze: sie alle haben hier ihren Platz gefunden. Um im Beet anzukommen, muss man sich ein wenig durchsetzen, doch innen ist es umso schöner. Ich vermute, viele haben eine solche Ecke im eigenen Garten, an der alles wilder sein darf. Offene Übergänge lassen Igel passieren,

Die Vielfalt unterschiedlicher Blütenformen in diesem naturnahen Garten ist bewusst darauf angelegt, bestäubenden Insekten ein reiches Angebot an Nahrung und Anflugmöglichkeiten zu bieten.

Wasser, Unterschlupf und Nahrung entstehen fast nebenbei.

Dieser Schaugarten (RHS Hampton Court Flower Show, 2019) sorgte für Aufsehen: Im Zentrum lag ein Klee-Rasen, das erste Mal, dass eine Alternative zum klassischen, samtigen Rasen präsentiert wurde. Klee ist ein Paradies für Bestäuber, aber natürlich kein Barfuß-Spielplatz. Mit Trittsteinen und einer klugen Wegführung kann er großartig funktionieren. Ich plädiere nicht dafür, dass man ganz auf Rasen verzichten sollte, denn weiches, kurzes Gras ist nach wie vor nützlich zum Spielen, Ausruhen und für einige Vögel (und Hunde). Doch für ein Bienenparadies und einen optischen Genuss im Juli ist Klee kaum zu übertreffen.

Gedacht war dieser Ort für eine junge Familie, während *gleich nebenan* ein jüngeres Paar etwas Einfacheres, Günstigeres und Passenderes für ihren Lebensstil bevorzugte: Sie haben wenig Zeit, möchten aber dennoch, dass ihr Garten ein Zufluchtsort für die Tierwelt ist. All diese imaginären Menschen haben ihre eigenen, individuell gestalteten Gärten, die auf ihre Lebensbedürfnisse zugeschnitten sind, aber dennoch das gemeinsame Ziel verfolgen, Wildtieren Nahrung, Schutz und Wasser zu bieten. Wildblumenwiesen sind erstaunlich pflegeleicht – einmal, vielleicht zweimal im Jahr mähen, das genügt tatsächlich. Um sie aufzupeppen, setze ich hier und da Stauden dazu, von denen ich weiß, dass sie zwischen den Wildblumen gut überleben: *Echinacea pallida* und *Verbena officinalis* var. *grandiflora* 'Bampton' bewähren sich an diesen Orten super, kein Wunder, wenn man sieht, wie sie sich von allein vermehren. Gleichzeitig erinnert dieser Garten daran, dass es nicht nur einen einzigen, fest definierten Essplatz geben muss. Weniger harte Materialien tut der Umwelt gut und schont den Geldbeutel. Eine große Steinplattenterrasse ist nicht notwendig. Einfach ein bisschen Inspiration und Fantasie – einen Stuhl in die Wildblumenwiese stellen und in Ruhe die Natur in Aktion beobachten. Alle sind glücklich: der Gartenbesitzer, die Vögel, Insekten und Säugetiere. Aufgabe erfüllt. Egal wie man es angeht, der Ansatz „Weniger ist mehr" lohnt sich. Legen Sie den Garten an, pflegen Sie ihn mit Leichtigkeit, genießen Sie ihn und seien Sie beruhigt, dass Sie Ihren Beitrag zur Artenvielfalt leisten.

Lughnasadh

Auf halbem Weg zwischen Sommersonnenwende und Herbst-Tagundnachtgleiche, Anfang August, liegt das Fest Lughnasadh, auch Lammas genannt. In dieser Zeit wendet man den Blick der kommenden Ernte zu. Als eines der vier gälischen Feuerfeste, neben Samhain, Imbolg und Beltane, reichen seine Ursprünge bis zu den alten keltischen Stämmen Irlands, Schottlands, der Isle of Man, Wales und anderen Teilen der britischen Inseln zurück. Lughnasadh ist ein Fest des Dankens und des Zusammenzukommens. Brot wird gebacken und manchmal ein Stück davon an den Feldrändern als Opfergabe abgelegt, um das Böse fernzuhalten.Vor allem aber geht es darum, zusammenzukommen und die Arbeit des vergangenen Jahres, die Unterstützung durch andere und all das zu feiern, was eine Gemeinschaft ausmacht und trägt.

Möglicherweise haben wir unsere Pflanzen bei Neumond, zunehmendem oder vollem Mond gesetzt und haben bei abnehmendem Mond geerntet, gejätet und kompostiert. Manchmal folge ich diesen Mustern ganz intuitiv, ohne bewusst auf die Mondphasen zu achten. Es lohnt sich, diese Gedanken nicht vorschnell abzutun. Probieren Sie es aus. Schaden kann es nicht. Einjährige Pflanzen sowie Obst- und Gemüsesorten, die oberirdisch tragen, lassen sich gut in der Phase des zunehmenden Mondes setzen, Stauden und Wurzelgemüse bei abnehmendem Mond. Die Wissenschaft hinter dem, was wie ein Mythos klingt, ist durchaus schlüssig: Wie der Saft in Bäumen dem Licht folgt, wirkt auch die Schwerkraft unterschiedlich auf Pflanzen. Gärtner nutzen dieses Wissen seit Jahrhunderten. Wer wäre ich also, darüber zu urteilen? Zum Entsetzen der Wissenschaftler neige ich zu der Haltung: Wenn es funktioniert, dann funktioniert es. ist das blinder Glaube oder ein tief sitzendes Gefühl, dass es genauso richtig ist? Wie wir auch immer unsere kleine Tradition des Aberglaubens nennen, es ist völlig in Ordnung.

Gegenüber, links: In diesem Familiengarten führen Trittsteine durch einen Klee- und Kräuterrasen zu einer aus Trockenmauerwerk gefertigten Bank.

Gegenüber, Mitte: Eine alte Gartenbank ist von einer Fülle klassischer Cottage Gartenpflanzen umgeben.

Gegenüber, rechts: In der Wildblumenwiese steht ein Insektenhotel, der dekorative Elemente ebenso integriert wie geschützte Nischen als Lebensraum für Tiere.

Oben: Dieser Garten wurde für ein junges Paar entworfen, das sich einen schlichten, kostengünstigen Garten wünschte, der zugleich reichlich Lebensraum für die Tierwelt bietet.

Rechts: Ein Bienenstock für solitär lebende Bienen ist von nektarreichen Pflanzen umgeben.

Wenn ein Garten nach innen blickt

„Schau auf den Ort und finde dort Deine Inspiration", heißt es, und so sage es auch ich. Doch was geschieht, wenn der Genius Loci, jener Geist des Ortes, dessen Wurzeln bis zu den römischen Hausgöttern reichen, sich als überraschend unspektakulär erweist?

Inmitten einer modernen Stadt fehlen oft greifbare Anknüpfungspunkten für ein starkes Ortsgefühl. Natürlich lässt sich überlegen, was sich einst an der Stelle des Gartens befand, was ihn heute umgibt und von außen findet sich fast immer *etwas*, mit dem man arbeiten kann. Doch wie schon die Römer in ihren Stadtvillen wussten, ist es mitunter der klügste Weg zu Ruhe und Rückzug, den Blick des Gartens nach innen zu wenden: ein Atrium, ein geschützter Hof als Zufluchtsort, der den geschäftigen, lauten *Trubel* abschirmt. Manchmal ist es auch einfach schön, dass wir die Kraft haben, eine Atmosphäre ganz von Grund auf zu erschaffen.

Dieser Garten im Herzen der Stadt kann von vielen Nachbarn eingesehen werden. Im Nachbargarten steht eine wunderschöne Platane, Zufluchtsort eines ausgesprochen gesprächigen Rotkehlchens, dessen Vogelperspektive sich ansonsten wohl aus ineinandergreifenden Rechtecken und Quadraten zusammensetzt – städtische Parzellen, sauber abgesteckt von viktorianischen Terrassen, die jedes Revier streng abgrenzen. Das gehört zum urbanen Leben: Man wird gesehen, während man seinem Alltag nachgeht. Wer schauen möchte, darf das gern tun, auch wenn sich nichts Aufregendes abspielt. Und doch bleibt das Bedürfnis nach Rückzug. Ein Garten soll Geborgenheit schenken, Ruhe ausstrahlen, den Blick nach innen lenken und einen meditativen Zustand ermöglichen. Fehlt zu Beginn dieses Gefühl von Verwurzelung, dann ist das kein Mangel – sondern eine Einladung, es bewusst zu erfinden.

Die Backsteinfassaden der umliegenden Häuser wirken wie eine versetzte Spielzeugstadt, belebt durch flüchtige Bewegungen hinter Fenstern. Die Geschichte zeigt sich in den verschiedenen Altersstufen der Gebäude, während der der trübe Himmel daran erinnert, dass wir uns mitten in der Stadt befinden. Die Zeiten dichter Smogglocken sind vorbei, doch ihr Echo bleibt: Autos rauschen vorüber, Busse gleiten leise dahin.

Dem möchte ich entfliehen. Ich möchte dasselbe Gefühl erleben wie im eleganten Zuhause meiner Kunden. Willkommen. Wärme. Geborgenheit. Gemütlichkeit und Eleganz zugleich. Schönheit wird hier bewusst geschätzt und gepflegt: Cranberry-Glas in den Regalen, an den Wänden hängen Gemälde besonderer Orte und geliebter Menschen.

Vom Küchenfenster aus, mit einer Tasse Tee in der Hand, gibt mir der Baum einen Hinweis. Dieses Gefühl von Abgeschiedenheit ist es, wonach ich suche. Beschützt zu sein, hoch oben und weit weg.

Im Haus werden Wände mitunter entfernt, um die Nutzung zu erleichtern und Räume zu schaffen, in denen der räumliche Fluss ebenso wichtig ist wie das familiäre Miteinander.

Gegenüber: Ein romantischer Rosengarten entfaltet gerade dann eine besondere Wirkung, wenn er mitten in der Stadt liegt.

Auf der folgenden Seite: Versetzt angelegte Beete führen durch den Garten und sorgen für Privatsphäre.

Selbst auf kleinem Raum gibt es hinter jeder Biegung Neues zu entdecken.

Und doch bleibt die Sehnsucht nach Rückzug. Genau dieser Übergang wurde draußen zum Dreh- und Angelpunkt für alles Weitere. Der Garten sollte ein Ort für eine große Familie sein, ein Ort des Zusammenkommens. Das bedeutete jedoch keineswegs, dass sich alle jederzeit sehen mussten. So entstand ein Raum, der sich in vier gedachte Bereiche aufteilt.

Eine Terrasse war die logische Fortsetzung des Hauses, wenn man aus der Küche schaut. Dahinter gab es eine Ecke für die Pflanzenliebhaberin, um ihre Rosen zu ziehen. Mit einem Platz, an dem sie mitten in den Beeten sitzen kann. Zwei Bereiche, die je nach Nutzung wie einer wirken. Von der Küche aus sieht es wie ein einziger Raum aus. Sitzt man aber auf der Bank mittendrin, ist man in einem eigenen Rosengarten.

Das jüngste Kind war bereits ein Teenager, sodass kein Platz zum Spielen benötigt wurde. Kein Trampolin oder Klettergerüst. Dennoch bleibt Spielen im Freien wichtig. So beginnt man unmerklich, die Natur als Freund zu sehen, als Ort zum Auftanken und voller Möglichkeiten. Was aber wird aus dem Spiel, wenn wir älter werden? Entspannung im Grünen, Zeit mit Freunden, Rückzugsmöglichkeiten, ein Szenenwechsel und Anregung der Sinne. Dafür brauchte es hier einen Ort für eine reifere Form des Spiels. Einen Platz zum Sitzen, allein oder zusammen. Entstanden ist er in Form zweier geschwungener „Bananenbänke".

Links und oben: Direkt vor der Küche liegt eine Terrasse, die zum Sitzen einlädt und von immer wieder neu arrangierten Pflanzgefäßen umgeben ist.

Die Krümmung war notwendig, um zwei einander zugewandte Sitzgelegenheiten in diesem Drittel des Gartens unterzubringen. Die erhöhten Beete dahinter erweitern das Spiel der Ebenen und schaffen zusätzliche Variationen innerhalb der Pflanzflächen.

Zusammenkünfte werden immer durch Getränke oder Essen bereichert, und da die Gartenbesitzerin eine leidenschaftliche Gastgeberin ist, war sie der Meinung, dass ein Pizzaofen als Ort der Gemütlichkeit ihre Söhne nach draußen locken würde. Sie hatte recht. So entstand der vierte „Raum". Bewusst wurde er ans hintere Ende des langen Gartens gesetzt, damit er nicht zum Mittelpunkt wird. Ganz pragmatisch begann der Bau ebenfalls dort: In einem Garten ohne seitlichen Zugang arbeitet man sich von hinten nach vorn – und in den kalten Monaten Januar und Februar kam die Wärme des Feuers den Bauarbeitern dabei sehr gelegen.

Schlichte Pergolen und Stützen, farblich und materiell auf die Faltschiebetür der Küche abgestimmt, gliedern den Garten dort, wo er gefasst oder sanft geteilt werden soll. Sie verbinden Terrasse, Blumen, Sitzplatz und Kochbereich, die dennoch klar getrennt sind. Die erste Konstruktion schließt die vorderen Beete ab und wirkt im Sommer, überwachsen von Kletterpflanzen, wie ein grüner Vorhang zu den angrenzenden Gärten. Dahinter liegt der Sitzplatz, gegliedert durch versetzt gepflanzte Spalierobstbäume in Kombination mit weiteren Metallstützen, die ihn vom Koch- und Essbereich trennen. Somit ist das „Durch" und das „Oben" erledigt; nach hinten schirmt ein Holzgitter die Nachbargärten ab, lässt aber im Winter trotzdem Licht hindurch. Und ein bisschen Spaß gibt's auch: Die Besitzerin und ihre Nachbarin sind gute Freundinnen und haben früher oft über die Gartenmauer hinweg gequatscht. Sie waren sich einig, dass es eine sichtbare Trennung geben sollte, aber fanden es schade, die spontanen Gespräche zu verlieren. Die Lösung: Eine Klappe im Gitter, inspiriert von den 70ern, die man einfach aufklappen kann, um durchzuschauen.

Und was die Rosen betrifft... durch grobes Abmessen kamen wir zu dem Schluss, dass sich auf Bodenniveau wohl etwa ein halbes Dutzend Rosen unterbringen ließe. Doch das war nur die halbe Wahrheit. Gärten haben Volumen, sie besitzen Tiefe und Höhe, sie sind dreidimensional. Genau das galt es hier auszuschöpfen. Kletterrosen übernehmen diese Aufgabe: an den Wänden und entlang der Spaliere, als Rambler über Pergolen und Stahlstützen hinweg. Während sich an Wänden auch kontrollierter wachsende Kletterer bewähren, braucht es für Pergolen Pflanzen, die fallen, schwingen und sich frei bewegen dürfen. *Rosa* 'Adélaide d'Orléans' und *R.* 'Félicité-Perpétue' zählen dabei zu meinen liebsten Akrobatinnen für diesen Auftritt: Büschel in zartem Rosa bis Weiß, die eine elegant locker, die andere mit kleinen Pompons, perfekt, um sich durch das Gewirr von *Clematis* 'Etoile Violette', *Clematis alpina* 'Foxy' und *Clematis alpina* 'Willy' zu wuscheln. Die Farbwahl ist entscheidend. Rosa ruft Erinnerungen wach, sei es in Wirklichkeit oder im Märchenbuch, mit lauter glückserregenden Tönen, die durch einen Garten voller Charme purzeln.

Man kann sie sich gut vorstellen, die Rosenliebhaberin in der Küche, den Blick auf dieses neu romantisierte Stück Stadt gerichtet. Nachts scheinen die Blüten zu leuchten, fangen das von tief hängenden Wolken zurückgeworfene Stadtlicht ein und schimmern sanft. Vom Himmel ist kaum noch etwas zu sehen: Kletter- und Ramblerrosen verweben sich zu blühenden Balken und Kolonnaden, die sich durch den Garten ziehen und ihn zusammenhalten.

Gegenüber: Am hinteren Ende des Gartens wächst *Rosa* 'Snow Goose' (= 'Auspom') an einem der aufrecht stehenden Pfosten, die in regelmäßigen Abständen gesetzt sind, um verschiedene Gartenbereiche zu gliedern.

CHATSWORTH HOUSE

Im Fluss schwelgen

Wer jemals das Chatsworth House besucht hat, kennt die überwältigende Dimension dieses Ortes: die Weite der Landschaft, die monumentale Architektur, die schiere Präsenz von allem. Als ich eingeladen wurde, hier eine Installation zu entwerfen, war sofort klar, dass Maßstab entscheidend sein würde. Nichts, was ich schaffen konnte, durfte mit dieser Größe konkurrieren. Stattdessen musste ein Ort entstehen, der sich einfügt – eine Gartenskulptur, die Teil des Ganzen ist und zugleich Durch- und Ausblicke ermöglicht.

Ein Haus voller Geschichte, Schönheit und der Geister vieler Generationen – ein Labyrinth aus Räumen, jeder eine eigene Schatzkammer. Ich habe dort einmal übernachtet und mich tatsächlich verirrt, bis ich schließlich um Hilfe bitten musste. „Müssen Sie gerettet werden?", fragte eine freundliche Stimme am Telefon, ganz beruhigend, als hätte sie diese Frage schon oft gehört. Alles ist hier in Chatsworth wunderbar groß, auch die über Jahrhunderte gesammelte Kunst. Der Garten selbst wird seit 500 Jahren gepflegt, gestaltet und geliebt. Da eine Installation machen zu dürfen, war schon ziemlich einschüchternd. Was ich auch immer tun würde, es musste Sinn ergeben und einen neuen Grund für seine Existenz haben.

Während ich arbeitete, hing der Himmel bleigrau und grollend über mir. Eine Stimmung, die ich für immer mit diesem Projekt verbinde. Tatsächlich war mir ein Archäologe zur Seite gestellt worden, mit dem klaren Auftrag, jede meiner Bewegungen zu beobachten, jede Entscheidung abzusegnen. Was macht man in so einer Situation?

Schlichte Stahlstäbe bilden eine Skulptur, die den Blick anzieht – in einem Garten, der ebenso zum Durchschauen in die Landschaft wie zum Verweilen einlädt.

Mir hilft dann eine gesunde Portion Realismus. Zu wissen, wer man ist (oder nicht ist) und das ins Verhältnis zur überwältigenden Größe des Ortes zu setzen. Entscheidend ist, die eigene Intention klar zu erkennen. Ich schaffe grüne Orte, lese Landschaften, nehme ihren Geist auf. Doch hier durfte das Ergebnis nicht nach Größe streben. Gefragt war eine sanfte Geste, ein spielerisches, romantisches Eingreifen, das Freude weckt statt zu beeindrucken. Landschaftsdesign ist am Ende immer eine Frage des richtigen Maßstabs.

Bei den ersten Erkundungen ging es ständig auf und ab, vor und zurück, von Ort zu Ort. Immer auf der Suche nach dem richtigen Platz für die Installation. Unablässig zog mich die Lebenskraft des River Derwent an. Sein Ufer schien in meiner Vorstellung noch immer erfüllt von jener Vitalität, die man aus den Geschichten von Ratty und Mole kennt. Die Frage war: Lässt sich ein Stück dieses Ufers für sich gewinnen, ohne es zu stören, ohne ihm etwas zu nehmen?

Mit Unterstützung von Ökologen und Archäologen zeigte sich, dass es unter einer klaren Prämisse möglich war: nichts berühren, was nicht zwingend nötig ist. Ich wählte Materialien, die hier bislang nicht als Kunst erschienen waren, um nicht

Gegenüber: Eine Skizze dieser Installation zeigt, wie sie sich in sanften Windungen entlang des Flusses bewegt, hinein und wieder hinaus – ein fließendes Kunstwerk, das sich sammelt und weiterzieht, so selbstverständlich wie das Wasser selbst.

Rechts, oben und unten: Stahlarmierungen, eigentlich ein industrielles Material, wirken in dieser natürlichen Umgebung überraschend stimmig, wenn sie rhythmisch zwischen zarten Pflanzungen angeordnet sind.

in Konkurrenz zur Umgebung zu treten. 100 Meter Stahl schlängelten sich schließlich auf, ab und entlang des Flusses, kragten über das Wasser und verankerten sich sicher in der Landschaft. Entgegen aller Befürchtungen wirkten sie fein und beinahe filigran. Der Maßstab war entscheidend. Auch wenn mir zwischendurch der Gedanke kam, ob weniger nicht gereicht hätte, wurde klar: Gerade hier musste groß gedacht werden und doch blieb das Werk, gemessen an Chatsworth, nur ein feiner Punkt. Eingebettet in eine von Wildblumen durchzogene Wiese, punktuell mit Stauden und skulpturalen mehrstämmigen Hainbuchen gefasst, entstand ein Schaugarten wie ein Rokoko-Tapetenfragment in der Landschaft: präsent, aber zurückhaltend.

Gegenüber, oben und unten: Große, mehrstämmige Feldahorne wurden hier aufgrund ihrer beeindruckenden Größe, aber auch wegen ihrer skulpturalen Stämme ausgewählt.

Oben: Dahlien und Salvien geben der Wildblumenwiese eine leichte, zurückhaltende Struktur.

Auf der folgenden Seite: Ein Garten in der Nähe von „Chatsworth House" kann kaum mit den überwältigenden Eindrücken der Umgebung konkurrieren. Deshalb ging es mir darum, einen Gartenraum zu gestalten, der anzieht, ohne sich in den Vordergrund zu drängen – vergleichbar mit den architektonischen Follies großer Anwesen: Sie sind nicht das der Mittelpunkt, werden aber nie infrage gestellt und wirken immer stimmig und besonders.

Sich der Geschichte annehmen

Dieser Londoner Garten, heute ein Paradies für Wildtiere, sollte von Anfang an vieles zugleich sein: ein Ort für die Familie ebenso wie für alles andere, was hier lebt. Anstelle von Rasen dominieren nun Schichten aus Grün, die Schutz, Futter und Lebensraum bieten. Und natürlich jede Menge Rosen in den Beeten. Früher war dies ein unscheinbarer Platz, umgeben von schönen Bäumen. Durch lange Gespräche entwickelte sich der Garten zu einem romantischen, lebendigen Refugium. So entstand ein Ort für die ganze Familie, der mit den riesigen Platanen im und um das Grundstück in einem Naturschutzgebiet harmoniert. Während die georgianischen Mauern restauriert und von Blättern umhüllt wurden, flossen Spuren der Geschichte von Haus und Grundstück in eine neue Erzählung ein und gaben dem Garten seine heutige Bestimmung.

Heute prägen ein Gemüsegarten mit Beeten und Spalierobst sowie historische Mauern diesen Bereich. Heimische Pflanzen mischen sich selbstverständlich unter Zierstauden; Sträucher wie Hortensien, Hartriegel und Holunder geben Struktur, während Felsenbirne, Magnolie, Judasbaum und Ahorn für wechselnde Blüten- und Blattakzente sorgen. Eine von Kletterrosen und Clematis überwachsene Eichenpergola führt zum Gästehaus und schafft zugleich Privatsphäre und ein Gefühl des Ankommens. Eine Terrasse aus altem Yorkstone leitet zur seitlich gelegenen, überdachten Außenküche. Ein echter Familiengarten zum Spielen, Feiern und für zwei sehr glückliche Katzen.

Wenn Sie wissen, wie lange Ihr Haus schon existiert, kann Ihnen eine kurze Recherche dabei helfen, Ideen zu entwickeln, wie Sie es erfolgreich in die Zukunft führen können. Archive geben oft unerwartete Hinweise. Bei meinem ersten Besuch nannten die Kunden klare Wünsche: Obstgarten, Fischteich, Gemüsegarten und ein achteckiges Gartenhaus. Also machte ich mich auf die Suche nach der Geschichte des Ortes. Das scheinbar georgianische Haus entpuppte sich als Bau mit Tudor-Wurzeln, errichtet auf den Spuren eines Gebäudes aus dem 14. Jahrhundert. Seit rund 700 Jahren wurde hier gelebt und gewirtschaftet. Tatsächlich hatte es all die gewünschten Elemente früher einmal gegeben – sie waren nur längst verschwunden. Niemand wusste davon, und doch hatten die heutigen Besitzer sie intuitiv wieder benannt. Es war, als hätte der Garten selbst erinnert, was ihm fehlte. Ich stand hier und schaute auf einen Ort, der früher sehr ländlich gewesen war, einem reichen Grundbesitzer gehört hatte und der, obwohl er jetzt mitten in der expandierenden Stadt liegt, immer noch ein Gefühl von Ländlichkeit vermittelt.

Oft vermitteln Internet und Magazine das Bild, glamouröse Gärten müssten aus großen Rasenflächen und strengen Achsen bestehen. Doch Größe schreibt nichts vor. Gerade große Häuser erhalten allzu häufig Gärten, die hart, formal und protzig wirken – mit scharfen Linien,

Während die georgianischen Mauern dieses Hauses nach und nach restauriert wurden, traten Details zur Geschichte des Ortes zutage, wurden zusammengefügt und neu gedeutet, um dem Garten eine neue Erzählung zu geben und ihn wieder zum Leben zu erwecken.

Gegenüber und oben: Am Ende des Gartens entstand ein neuer Teich, mit einem Trittsteinweg, der an einem sanft plätschernden Wasserfall vorbeiführt. Die Blätter von *Acer palmatum* 'Atropurpureum' greifen den rötlichen Ton der Ziegel und Dachpfannen der historischen Mauern und Gebäude auf; im Frühjahr übernimmt diese Rolle die Farbpalette der Tulpen.

schweren Materialien und leblos wirkendem Formschnitt. Das ist vorhersehbar und es entzieht genau jene Atmosphäre, die man von einem luxuriösen Ort eigentlich erwartet. Ich finde das schade. Was hier meist fehlt, ist die eigentliche Luxusressource: Zeit. Zeit, das Haus wirklich zu lesen, den Ort zu verstehen, seine Geschichte und das Zusammenspiel von Architektur und Landschaft ernst zu nehmen. Vielleicht sind solche Gärten tatsächlich nur zum Anschauen gedacht: als Machtsymbol. So wie die 50 akribisch gepflegten Hektar von Neros Domus Aurea in Rom, geschaffen als sichtbarer Ausdruck von Bedeutung, Reichtum und Macht. In diesem Londoner Garten jedoch ging es um etwas anderes. Nicht um Repräsentation, sondern um Familie.

Dieser Stadtgarten besaß bereits eine gerade Terrasse, eine Pergola und eine Außenküche – mehr Geometrie brauchte es nicht. Wenn man sich wirklich auf einen Ort einlässt, zeigt er einem meist, was er sein will. Hier in London, wo es eh schon genug harte Linien und Flächen gibt, biegen sich die Beetränder in sanften Kurven, schlängeln sich um Bäume und schaffen so sowohl weite als auch gemütliche Ecken. Der Rasen fühlt sich sicher an, lädt zum Spielen ein und lockt die Kinder raus in den Garten und runter zum Gemüsebeet, wo Tudor-inspirierte Ziegelwege die Beete durchkreuzen.

Ein kleiner Teich fand seinen Platz in einer Mulde nahe der Stelle, an der einst sein großer Vorgänge gelegen hatte. Trittsteine – mehr zum Spaß als aus Notwendigkeit – führen übers Wasser zu dem achteckigen Gartenhaus, einem Rückzugsort im Grünen, in all den Grüntönen, die gleichzeitig verstecken und locken. Am hinteren Rand des Gartens steht ein Schuppen und auch der Bereich dahinter ist so liebevoll bepflanzt wie der Raum davor. Allzu oft denken wir, das "hintere" Ende eines Gartens hinter dem Schuppen oder die dunkelste Ecke sei nicht der Rede wert, aber gerade im Stadtgarten ist jeder Quadratzentimeter kostbar und es wäre schade, wenn man irgendeine Ecke ignoriert, nur weil da Kompost, Mülltonnen oder die Klimaanlage stehen. In diesem Garten war das der perfekte Platz, um die Technik zu verstecken. Aber nur weil es sich um einen funktionalen Ort handelt, heißt das nicht, dass er nicht auch schön sein kann. Also wurde der unscheinbare Weg mit Farnen, Hortensien und Gräsern eingerahmt, die sich im schattigen, feuchten Eck wohlfühlen. Diese kleine Hortensien-Lichtung ist im Spätsommer ein echtes Highlight geworden und die Kundin hat jetzt sogar eine Bank hingestellt, damit sie auch wirklich jede Ecke des Gartens genießen kann.

Rechts: Gräser und Blattpflanzen bringen hier viel Struktur ins Bild. Ihre Höhe und Form verstärken das geschützte, private Gefühl, das die Mauer im Hintergrund bereits vorgibt.

Auf der folgenden Seite: *Rosa x odorata* 'Mutabilis' und *Hydrangea arborescens* 'Annabelle' steuern feine Farbtöne bei, die den Blick vom Teich in den weiterführenden Garten begleiten.

STRANDGARTEN IN SUSSEX

Immer sichtbar

Mit der Lage direkt am Wasser geht der Verzicht auf Privatsphäre einher. Wind, Salz und fremde Blicke gehören dazu. Doch der Ausblick entschädigt alles. Genau darauf reagiert der Garten: Er tritt zurück, fügt sich ein und überlässt der weiten, wandelbaren Landschaft die Hauptrolle.

Gärten am Meer müssen Bedingungen standhalten, die Besucher als malerisch empfinden, für Pflanzen jedoch ziemlich hart sind. Die wahre Stärke jeder Pflanze, die als „marinetauglich" gilt, wird hier auf die Probe gestellt. Denn es gibt keinen Schutz, keine windabgewandte Seite. Es bringt nichts, sich über die kleinen Nachteile zu ärgern, wenn ein Garten so liegt. Man muss sie als kreative Herausforderung sehen und das Beste daraus machen.

Dieses Grundstück wurde genau wegen seiner beneidenswerten Lage für das neue Haus ausgewählt. Als ich beim ersten Besuch nach der Windrichtung fragte, brach die Runde in Gelächter aus. Der Wind kommt hier von *überall* und bringt die salzige Gischt mit. Je näher das Wasser bei Flut kommt, desto stärker ist der Einfluss der Natur. Und das alles im Rhythmus von Ebbe und Flut, zweimal am Tag. Hoch und tief, immer wieder ein neuer Ausblick, alles verändert sich. Mit diesem ständigen Kommen und Gehen und einem Horizont, der um Aufmerksamkeit konkurriert, war klar: Die Pflanzen im Vordergrund brauchen eine gewisse Härte, um relevant zu bleiben, während sich um sie herum ständig Farbe und Form verändern. Das Meer zieht sich zurück, verschwimmt und verwischt mit dem

Da Horizont und Meer für dieses Anwesen stets die zentralen Blickpunkte bleiben, wurde der Garten als Vordergrund für diese große Aussicht entworfen – in harmonischem Einklang mit den Elementen, statt sich ihnen entgegenzustellen.

Himmel und kommt dann wieder mit voller Wucht zurück und schärft die Konturen von allem.

Daraus ergaben sich die klaren, weiß verputzten Wände. Ein mutigeres Element, als es in anderen Gärten vielleicht angemessen wäre. Während strahlendes Weiß im Vorstadtgarten gegen Zaun und grauen Himmel oft seltsam wirkt, sorgt es hier am Strand für reflektierende und streuende Sonnenstrahlen. Natürlich besteht eine offensichtliche Verbindung zu den Materialien des Hauses, doch das ist längst nicht alles: An einem bewölkten Tag nehmen die Wolken ohnehin die Hälfte des Bildes ein; ist der Himmel hingegen vollkommen blau, bilden die weißen Flächen darunter einen klaren, spannungsvollen Kontrast zu dem breiten Band von Blau darüber. Zugleich hilft der Hintergrund, Farbe und Form im Vordergrund zu lenken. Das auffällige Weiß ist auf eine Form aufgetragen, die sich nicht vom Haus abhebt, sondern wie eine Fortsetzung der Architektur wirkt. Eine elliptische Wand bietet Sitzgelegenheit, ein bisschen Privatsphäre und Windschutz – alles, was man hier draußen braucht. Der erste Schritt zu dieser Form war, die beste Ecke zum Sitzen zu finden; die Schärfe von Form und Farbe lenkt den Blick automatisch dorthin. Das war auch so gedacht, aber gleichzeitig bleibt die Spannung, nicht alles auf einmal sehen zu müssen. Richtung und Bewegung entstehen durch gewundene Holzdecks, die sich über den Sand schlängeln. Sie hindern unseren Blick daran, in einem einzigen Sprung auf die schräg gestellte weiße Form zuzurasen. Aus einer leicht verkürzten Perspektive betrachtet, vermittelt sie ein Gefühl von Rundung, Umschlossenheit und Einladung.

Oben: Geschnitzte Eichenpfosten und Seile aus Tauwerk markieren auf einfache Weise die Grenze zwischen Strand und Garten, ohne die Aussicht zu beeinträchtigen.

Gegenüber: Sanft aufgeschüttete Dünen geben dem Gelände Form und sorgen für geschützte Bereiche zum Verweilen.

Schönheit liegt in der Einfachheit: Sorgfältig durchdachte Details wie ein in einen Eichenpfosten eingravierter Hausname werden in Gärten aus Kostengründen häufig weggelassen. In diesem Fall jedoch wurden sie bewusst umgesetzt – und genau diese Elemente verleihen dem Garten seine überraschenden, besonderen Augenblicke.

Auch wenn man glaubt, keine Zeit zum Sitzen zu haben, wirken ein oder zwei Sitzplätze im Garten beruhigend. Sie signalisieren, dass eine Pause möglich ist. Deshalb plane ich sie immer mit ein und selbst wenn man sie nicht nutzt, tun es die Gäste fast automatisch. Hier fließen die Wohnbereiche selbstverständlich nach draußen, mit unterschiedlichen Optionen je nach Wetter. Zugleich soll dieser Ort hinauslocken: „Wage ich es heute, der Brise zu trotzen, auch wenn die Luft frisch ist? Nun ja, mit einer Feuerstelle und einer leichten Jacke vielleicht schon …" Böen gehören zur Seele dieses Gartens, sind aber auch eine Herausforderung fürs Verweilen. Umso wichtiger war es, den Sitzplatz aus genau diesen Bedingungen heraus zu entwickeln und sie nicht zu bekämpfen, sondern zu feiern. So entstand die Idee einer natürlichen Befestigung, inspiriert von den benachbarten Dünen – grasbewachsene Hügel, die sich öffnen und schließen, voller Überraschung und Magie. Diese Magie durfte nicht aus dem Garten ausgesperrt werden. Sie gehört dazu. Sie musste rein.

So entstanden die Dünen dieses Gartens: Der Sand wurde zu niedrigen Hügeln geschoben und geformt. Zunächst wurden sie von biologisch abbaubaren Matten gehalten, bis das heimische Strandhafergras die scheinbar unmögliche Aufgabe übernahm, unzählige einzelne Sandkörner miteinander zu verweben. Der Sitzplatz, eine einladende Ecke mit einer einladenden Kurve, wurde darin versteckt: Vom Haus aus ist er sichtbar, vom Strand aus jedoch nicht. Kurven ziehen sich durch den Garten, ihre Linien folgen dem Rhythmus der wellenartigen Sandberge dahinter.

An windigen Tagen schnitten wir Schlitze in die Matten und formten Taschen für die vorgesehenen Pflanzen, in dem Wissen, dass sie bald Gesellschaft bekommen würden: *Eryngium maritimum, Crambe maritima, Armeria maritima*. Diese Küstenpflanzen brauchen keine Unterstützung; allein die Existenz des Gartens war Einladung genug – der Hinweis liegt im Namen. Bald gesellten sich Mohnblumen

hinzu, deren rote, spontane Farbakzente bringen vor der ruhigen Kulisse des Strandhafers, der diesen Aussichtshügel seit jeher prägt, Bewegung und Lebendigkeit ein.

Armeria maritima und *Silene uniflora* sind hier oben zu sehen; darunter hat sich ein Mohn ganz von selbst ausgesät und angesiedelt.

Zwei Träume in einem Design

Gärten sind Orte, an denen sich der Traum vom Garten um seiner selbst willen erfüllt und zugleich der Traum davon, wie man das Leben im Freien führen möchte. Manchmal sind sich alle einig, aber je mehr Leute den Garten nutzen, desto mehr Ideen, Vorstellungen, Hoffnungen, Fantasiebilder, Abneigungen und Vorlieben kommen zusammen.

Dieser heute so üppige Garten begann als großes Loch im Boden – das Ergebnis eines neu gebauten Kellers. Das ungenutzte Potenzial machte schnell deutlich, dass die beiden Beteiligten sehr unterschiedliche Vorstellungen von der künftigen Nutzung hatten. Auf der einen Seite ein Pflanzenfan, auf der anderen ein Sportfan. Um beiden Träumen gerecht zu werden, musste aus dem Nichts ein Ort entstehen, der beides zuließ: ein duftender Rückzugsort voller Rosen, Ruhe und kreativer Energie... und zugleich ein Platz, an dem Fußball gespielt werden konnte. Wünsche sind immer legitim. Beide hatten ein Recht darauf. Die Aufgabe des Designers ist es, herauszufinden, wie sich die Wünsche überschneiden können, damit alle glücklich sind.

Eine Wunschliste kann ein guter Ausgangspunkt sein. Doch wird sie zur reinen Abhaklistet, verliert der Garten schnell seine Idee: Klarheit weicht Beliebigkeit, Gestaltung wird Pflicht, der Garten wirkt seltsam seelenlos. Der Zauber verflüchtigt sich. Abstand zu gewinnen hilft, jene Elemente einzustreuen, aus denen etwas Ganzes, etwas Magisches entsteht. Also schließen Sie das Hochglanzmagazin mit seinem verführerischen

Trockenmauern und Terrassen trennen in diesem Familiengarten den Bereich für Spiel und Aufenthalt vom dahinterliegenden, verdeckten Sportplatz.

Titelbild und richten den Blick auf das, worum es in Ihrem Garten wirklich geht: um Sie.

Dieser Garten ist für eine große Familie gedacht und darf sich mit ihren Bedürfnissen wandeln. Spielen steht im Zentrum: Freude, Bewegung, das Glück, Teil eines Spiels zu sein – aktiv oder vom Rand aus beobachtend. All das verbindet sich mit einer starken, durchdachten Bepflanzung, in der viele Schichten und Ebenen ineinandergreifen und den Blick wach halten.

Ich werde oft gebeten, ganz unterschiedliche Spielformen in Gärten unterzubringen. Manchmal reicht eine Schaukel oder einfach Raum zum Rennen, Verstecken und Entdecken. Hilfreich ist es, zunächst imaginäre Wege zu skizzieren, die die verschiedenen Nutzungen verbinden. In streng rechtwinkligen Räumen lockern geschwungene Linien alles auf, lenken den Blick, laden ein und sorgen hinter der nächsten Kurve für kleine Überraschungen.

Schnell wird klar, dass Blumen und Spaß, die beiden Hauptmerkmale dieses Gartens, in diesem langen, rechteckigen Stadtgarten ganz einfach aufgeteilt werden konnten. Ausgeglichenheit. Eine tiefer gelegene Rasenfläche in unmittelbarer Nähe

Vom hausnahen Gartenbereich aus unsichtbar, schafft ein kleines Amphitheater auf der obersten Ebene des Gartens einen geschützten Ort, an dem man zusammenkommt und das Geschehen auf dem Spielfeld verfolgen kann.

zur Küche, eingefasst von terrassierten Beeten mit blühenden Sträuchern und Stauden, schafft einen Ort zum Verweilen, während die Terrasse zugleich die angenehmste Form der Abgrenzung übernimmt: eine grüne, blühende. Aus ersten Skizzen auf Papier entwickelten sich Wege, die sich um weitere Beete legen und sich allmählich zur nächsten Ebene hinaufarbeiten. Ihr Ziel ist ein klares steinernes Amphitheater, dessen Kurven (Form) den Blick von den Nachbargärten ablenken (Funktion) und unsere Aufmerksamkeit ganz auf das Spiel lenkt (Zweck).

Oben auf der zweiten Ebene liegt ein Spielbereich, der sich erst auf den zweiten Blick erschließt. Dezente Hinweise verraten, wohin die Terrassen führen: Ein Netz fasst eine Rasenfläche, groß genug für Kinderfußball, daneben eine glatte Wand für erste Tennisschläge. Nicht alles ist von unten sichtbar. Doch oben angekommen fühlt man sich weit entfernt vom Haus und von der Stadt, ganz im Draußensein verankert. Genau darum geht es. Zugleich ist dieser Ort mitgedacht für die Zukunft: Jüngere nutzen die Fläche flexibel für Sport und Spiel, Ältere schätzen die integrierten Sitzstufen, um dem Treiben entspannt zuzusehen.

Sowohl vertikale als auch horizontale Schichten verhindern den schnellen Überblick. Verschlungene Wege, wechselnde Höhen, getragen durch üppige, abwechslungsreiche Bepflanzung und geschwungene Pfade verbergen ein verspieltes Geheimnis in einem Teil des Gartens, der nur so von Bestäubern wimmelt.

Oben: Geschwungene Linien mildern die Härte der steinernen Mauern, während die Bepflanzung geschickt verbirgt, was jenseits der Stufen liegt.

Rechts, oben und unten: Eine Abfolge sanft geschwungener Wege und Stufen verlangsamt bewusst den Gang durch den Garten und weckt Neugier, bis man am entlegenen Ende dieses Stadtraums den Sportbereich erreicht.

Oben, links und rechts: Sträucher wie Rosen, Hortensien und Pittosporum liefern die pflanzliche Fülle und das Volumen, das nötig ist, um die harte Gestaltung der baulichen Elemente sanft abzumildern.

Rechts: Der dunkle Farbton von *Cirsium rivulare* 'Atropurpureum' harmoniert mit den gemauerten Begrenzungswänden.

Einen Showgarten gestalten

Um erfolgreich zu sein, braucht ein Showgarten einen eigenen Kunden mit starker Persönlichkeit und Selbstbewusstsein – selbst wenn dieser nur imaginär ist und der Garten nur auf Zeit besteht. Ein Teil der Freude liegt darin, diesem gedachten Auftraggeber Gestalt zu geben, Möglichkeiten durchzuspielen. Eine Person? Ein Paar? Eine wachsende Familie? So beginnt der Garten, einen Grund für seine Existenz zu finden. Dieser Grund muss Substanz haben. Schönheit allein trägt keinen Schaugarten – das habe ich selbst erfahren. Fehlt eine innere Logik, erkennen Besucher die Künstlichkeit sofort. Nur wenn sie sich abgeholt fühlen, wenn sie eintreten und sich angesprochen fühlen, entfaltet der Garten seine Überzeugungskraft.

Am Ende gewinnt immer die Atmosphäre und ich spreche dabei ausdrücklich nicht von Medaillen. Atmosphäre ist subjektiv, genau wie Farbe: Was für den einen Lavendel ist, ist für den anderen Flieder. Wenn jemand mit größter Überzeugung sagt, dieser Garten hätte Gold verdient, ja sogar „Best in Show" sein müssen, dann kann ich einem enttäuschten Gestalter ehrlich sagen: „Das ist Ihr Gold." Denn wenn es gelungen ist, einen Menschen, für den der Garten komplett neu ist, mitzunehmen auf die Reise – ihn aus dem Nichts heraus in einen Ort, in ein Gefühl, in eine Erinnerung zu führen –, dann ist genau das der Sieg.

Ein Schaugarten lebt davon, für die Zuschauer ein Erlebnis zu schaffen – egal, ob sie ihn live auf einer Blumenschau sehen, auf dem Bildschirm aus der Ferne oder Jahre später in einem Magazin oder Buch. Wenn ein Garten nur eine Woche existiert (es sei denn, er findet später glücklicherweise irgendwo eine neue Bestimmung), muss seine Geschichte augenblicklich wirken. Ein Entwurf, der vor allem darauf ausgerichtet ist, formale Kriterien für Medaillen zu erfüllen, wird das niemals leisten. Er braucht Bedeutung, eine leise romantische Aufladung. Er muss *Seele* haben.

Schaugärten kennen keine echten Jahreszeiten – nur jene auf dem Papier. Es gibt kein gewachsenes Erbe, keine Region, kein echtes Zeitgefühl, nicht einmal reale Grenzen. Wie also lässt sich ein Ort erschaffen, der dennoch glaubwürdig wirkt, der ein Gefühl von Verortung vermittelt? Diese Aufgabe ist immer mit Widerständen verbunden. Und ehrlich gesagt frage ich mich jedes Mal zu Beginn des Baus, welcher Wahnsinn mich glauben ließ, aus buchstäblich nichts etwas schaffen zu können. Das passiert mir nie, wenn ich reale Gärten an realen Orten gestalte. Dort gibt es immer *einen* Ausgangspunkt: Geografie, Ökologie, schräge Besitzer, *etwas*. Auf dem Ausstellungsgelände hingegen stehe ich vor einer leeren Fläche und einer ungetesteten Idee, die ich vor Hunderttausenden erproben werde. Bereit für Bewertung, für Diskussion, für Kritik. Bereit für die Show.

Das ist weniger ein Impostor-Syndrom als vielmehr das Gefühl, ein surrealistisches Gemälde zu erschaffen und das kommt und geht, während man den Garten anlegt. Es überfällt einen, wenn der Regen einsetzt und einfach nicht aufhören will, den Bau zum Stillstand bringt und einen onehin absurd engen Zeitplan zerreißt.

Doris, – so haben wir den allerliebsten kleinen Wohnwagen getauft – , den man sich vorstellen kann, lugt hinter *Viburnum plicatum f. tomentosum* 'Mariesii' hervor.

Links, oben und unten: In jedem Garten sind es die gut durchdachten zusätzlichen Details, die als letzte Feinheiten wirklich Atmosphäre entstehen lassen; in einem Schaugarten wie diesem sind Hinweise auf die imaginären Bewohner des Gartens unerlässlich, um ihm Leben einzuhauchen.

Gegenüber: Zarte Blüten in Pastelltönen bewahren eine feminine, heitere Stimmung, darunter *Chaerophyllum hirsutum* 'Roseum' (oben), *Rosa* 'Our Beth' (unten links) und *Geranium pratense* 'Mrs. Kendall Clark' (unten rechts).

Kommt dann die Sonne zurück und kitzelt das Vitamin D erneut die Stimmung des Teams, hebt sich alles schlagartig: Die Blätter beginnen aus den fest eingerollten Knospen eines bis dahin traurig wirkenden, noch im Ballen stehenden Baums zu treiben, auf den man so große Hoffnungen gesetzt hat. Also gut – die Show geht weiter, alles wird gut. Bis man über ein gewaltiges Betonfundament stolpert, eindeutig ein Relikt eines Gartens, der vor zehn Jahren an genau dieser Stelle gebaut wurde und offenbar so mühsam zu entfernen war, dass die damaligen Bauleute beschlossen, ihn kurzerhand einfach liegen zu lassen. Eine solche Entdeckung reicht, um alles erneut zum Stillstand zu bringen. Also wieder eine Verzögerung… und schon setzt sich das Rad aus Zweifel und Zuversicht erneut in Bewegung.

Dieser Wohwagen sorgte für großes Aufsehen, als er Anfang Mai etwas rätselhaft auf das Baustellengelände der RHS Chelsea Flower Show rumpelte. Die mit Schlamm bedeckten Landschaftsgärtner blieben stehen, kamen näher, angezogen von Nostalgie: Camping. Es war ein Fisher Holivan aus den 50ern und ihr Name war Doris. Auf dem einzigen Campingausflug meines Lebens – in einem stilvollen Airstream auf der Isle of Wight – hatte ich am äußersten Rand eines Feldes einen süßen kleinen Oldtimer-Wohnwagen entdeckt. Voller Persönlichkeit und Charakter, er ließ mich nicht mehr los. Damals nahm ich mir vor, dass wir uns eines Tages wieder begegnen würden. Ein paar Jahre später spürte ich sie tatsächlich auf.

Oben: Eine aus Eichenholz geformte Bank mit klarer, minimalistischer Linie ist nicht nur schön anzusehen, sondern auch überraschend bequem zum Verweilen.

Gegenüber, links: Eine Hängematte – unverzichtbar bei jedem gelungenen Caravan-Ausflug – schafft einen weiteren versteckten Ort zum Entspannen.

Gegenüber, rechts: Bei der Gestaltung dieses Familiengartens fanden selbstverständlich auch die vierbeinigen Bewohner ihren Platz.

Und so fand Doris ihren Weg bis ins Zentrum Londons – als Inspiration für einen Schaugarten, entworfen für eine Familie.

Wir platzierten sie, innen vollständig ausgestattet und liebevoll dekoriert, am Ende eines Weges im hinteren Gartenteil. Als ruhiger Blickfang steht sie hinter einem Raster aus klaren, sich kreuzenden Linien, das den Raum durchzieht. Diese schlichten Strukturen trugen die Pflanzen in Schichten und leiten durch den Garten zu unterschiedlichen Sitzplätzen: Einige abgeschieden und still, andere bewusst näher am Geschehen. Die Bepflanzung wirkt klassisch und doch mit einem gewollten Bruch. Rosen und Stauden in vertrauten Rosa-, Blau-, Weiß- und Violetttönen begegnen einem Weinkühler, der zugleich als gerillter Wasserlauf aus gestepptem Aluminium dient. Eine Bank scheint über dem Wasser zu schweben, dahinter, hinter einem Sichtschutz, wartet eine Hängematte.

Für mich ist keine Familie vollständig ohne einen vierbeinigen Freund. Wie also hätte ich einen Familiengarten für die RHS Chelsea Flower Show entwerfen können, ohne auch dem Hund seinen Platz einzuräumen? Die Hundehütte nahm die Form des Wohnwagens auf – inklusive eines passenden Bullaugenfensters. Doch er sollte mehr können als nur Schutz bieten. So entstand die Idee eines begrünten Kräuterdachs. Kleine Alpen-Erdbeeren und Thymian bildeten eine duftende Krone, zur Freude des Hundes ebenso wie zur sinnlichen Bereicherung des Gartens. Ganz pragmatisch gedacht musste dieses kleine Dach natürlich entwässert werden. Das ablaufende Wasser wurde über ein Fallrohr in eine Trinkschale geleitet. Selbstverständlich tierärztlich unbedenklich.

Venezianische Farbe

Inspiration kann aus vielem entstehen, einer einzelnen Pflanze, einer fernen Reise oder einem historischen Detail, das im Fundament eines Ortes verborgen liegt. Wenn ich erkläre, wie Gartenideen entstehen, wirkt das oft fragmentarisch, weil sich vieles erst im Zusammenspiel fügt. Manchmal jedoch gibt es diesen einen klaren Moment. Hier war es der schlichte Blick in die Landschaft, der genau diesen Geistesblitz ausgelöst hat.

Vor einigen Jahren spazierte ich entlang eines Kanals in Venedig, wo es ein eigenes Wort für den Gehweg gibt, der sowohl Fußgängern dient als auch die Häuser der Lagune stützt: *fondamenta*. Es war ein Ort abseits der Ströme, und ich hatte, wie es in dieser Stadt üblich ist, das Licht, die Farben und die Momente der Stille inmitten des Trubels bewundert und bestaunt. Alle schienen geschäftig darin, nichts zu tun: *dolce far niente*. Das Leben in aller Öffentlichkeit, ganz unverblümt.

Wo Wasser Teil der Aussicht ist, vervielfacht das Licht die Farben. Beim Innehalten wurde mir klar, dass die venezianischen Häuser genau darauf reagieren. Pfirsich, Zitrone, Orange – eine fruchtige Palette, die in Großbritannien eher ungewöhnlich ist, hier jedoch vollkommen selbstverständlich wirkte, noch betont durch das Türkis am Sockel. Ich dachte an all die Farbregeln, die man im Laufe der Zeit sammelt: Blau und Grün nie zusammen, Rosa und Gelb angeblich unvereinbar. Genau in solchen Momenten, in denen mir bewusst wird, dass ich etwas angeblich *nicht* machen sollte, entscheide ich mich meistens, es trotzdem zu probieren.

Bögen, die an venezianische Loggien erinnern, bilden ein zentrales Element dieses zeitgenössischen Schaugartens. Sie sind als Abfolge von Pavillons angelegt, die über Wasserbecken und schmale Rinnen gesetzt sind – eine bewusste Anspielung auf die berühmten Kanäle der Stadt.

Und so brachte ich diese Farben tatsächlich nach England zurück und präsentierte sie 2019 vor einem großen Publikum auf der RHS Chelsea Flower Show. Wedgwood war Sponsor und unterstützte meinen Wunsch, etwas völlig Neues zu zeigen. Ich wollte die Wirkung von Farben demonstrieren, den Menschen neue Ideen vermitteln und bestehende Vorstellungen in Frage stellen, etwa davon, was zusammen gepflanzt werden kann und was nicht, oder was ein gelungenes Farbschema ausmacht. Auch die Farbwelten verschiedener Wedgwood-Kollektionen dienten dabei als Inspiration. Ich gestaltete den Garten und hielt den Atem an. War ich einen Schritt zu weit gegangen? Würde er gefallen, würde man positiv darüber sprechen?

Die Kombination aus sorbetartigen Tönen – Rosa, Zitrone, Koralle – hob diesen Garten deutlich von anderen ab. Die Sicherheit, die Farben in Venedig schon mal in Aktion gesehen zu haben, hat meine Grübelei vertrieben, und obwohl ich wusste, dass das Londoner Licht ganz anders sein würde, schien mir diese „kein Gelb mit Pink"-Regel eine etwas vage Aussage zu sein. Wenn man den richtigen Ton für die Umgebung findet, passt alles zu allem.

Der Wedgwood Garden ist eine Hommage an Etruria, das Dorf in Staffordshire, das Josiah Wedgwood vor 260 Jahren für seine Arbeiter errichten ließ. Der Garten greift den Unternehmergeist und die Innovationskraft seines Gründers auf, indem er klassische Motive in eine

Oben, von links nach rechts: *Rosa* 'Buff Beauty', *R.* 'Bonica' und *Iris* 'Pink Charm' holen die Farbwelt venezianischer Bauten nach Chelsea.

Gegenüber: Der Garten versteht sich als Versuch, neue Farbideen in der Pflanzung zu zeigen.

Warme Rosa-, Pfirsich- und Orangetöne stehen dabei im Einklang mit den Stein- und Stahlelementen.

In „Iford Manor", das sich als zweite, näherliegende Inspirationsquelle für den Garten der Chelsea Flower Show erwies, verbinden sich aus der Antike entlehnte Details nahtlos mit der Landschaft von Wiltshire.

zeitgenössische Form übersetzt. Wasser durchzieht den Raum als verbindendes Element, lenkt den Blick und erinnert an die Kanäle und Wasserläufe, die einst für Wedgwoods Produktion und Industrie von zentraler Bedeutung waren.

Der Bogen war die prägende Form dieses Gartens: vertraut und allgegenwärtig, schlicht genug für Arbeiterunterkünfte und zugleich an italienische Loggien, Reisen und Geschichte erinnernd. Bögen gelten seit jeher als besonders angenehm fürs Auge. So wurden sie zum zentralen Motiv dieses zeitgenössischen Raums, der sich aus der klassischen Architektur speist. Pavillons und Bögen, eingebettet in Wasser und Kunst, greifen greifen ein Konzept auf, das über Jahrhunderte hinweg immer wieder neu interpretiert wurde.

Die Inspiration für diese Schatten, Rahmen und Strukturen stammt von einem Ort ganz in der Nähe – einem der schönsten Plätze Englands. In einem der magischsten Täler in Wiltshire, eingebettet in eine Senke, erhebt sich die honigfarbene Fassade von Iford Manor ruhig und selbstverständlich aus der Landschaft und heißt jeden, der sich nähert, sofort herzlich willkommen. Wenn wir an die denken, die vor uns hier waren, dann sind sie immer noch hier in Iford präsent. Der Garten lässt sich nicht auf einen Blick erfassen, wenn man ihn durchwandert: Er offenbart sich, während er einen nach oben, dann nach links, dann nach rechts und wieder nach oben führt.

Beim Umhergehen entsteht das Gefühl, dass jederzeit etwas geschehen könnte – ein flüchtiger Blick, ein Schatten, vielleicht Aslan die Katze, die sich wissend ihren Weg bahnt. Iford ist ein Garten voller Rätsel und leiser Magie, eine unerschöpfliche Inspirationsquelle und ein Ort, der einen friedlichen Tag im Freien verspricht. Vor allem aber wächst er weiter, hinein ins 21. Jahrhundert. Iford ist eine Lehrstunde in Rahmung, Maßstab, Kontext und Komposition. Harold Peto wusste genau, was er tat. Nach strengen Gestaltungsregeln müssten die Säulen aus anderen Zeiten und Orten mit der englischen Landschaft kollidieren – doch das Gegenteil ist der Fall. Die Antike fügt sich mühelos ein, getragen von klug gewählter Bepflanzung.

Beim Entwurf des Wedgwood-Gartens hatte ich vor allem Iford Manor im Kopf. Er zeigte mir, dass ein Blickfang weder exakt zentriert noch vollständig gerahmt sein muss: Er darf dort beginnen, sich dann aber fortsetzen, fließen. Harold Peto lenkte den Blick meisterhaft, hob ihn an und führte ihn über den Garten hinaus in die Landschaft – mithilfe architektonischer Elemente aus einer anderen Welt. Trotz ihrer fremden Herkunft funktionieren sie hier mit verblüffender Selbstverständlichkeit: „borrowed landscape" im besten und wahrsten Sinne.

Luxus auf kleinem Raum

In einer versteckten Ecke Londons liegt ein echtes Gartenschätzchen. Niemand außer seinen Besitzern weiß von seiner Existenz – eine Art gärtnerisches Narnia, das sich öffnet, sobald man von der belebten Straße ins Haus tritt, hindurchgeht und durch die Küchentür nach draußen gelangt. Und plötzlich ist die Stadt vergessen: Pflanzen nehmen einen auf, tragen einen fort auf eine romantische Reise durch Rosen und Stauden, die genauso weich wie wild sind.

Der Charme dieses Cottages liegt in seiner für die Stadt ungewöhnlichen Architektur: ein Grundriss voller Wendungen, Verschachtelungen, Ecken und Kanten, ein bewusstes Hin und Her. Genau diese Stimmung sollte sich draußen fortsetzen. Es brauchte Höhen und Tiefen, Wege, die sich verbergen und wieder öffnen, um Neues zu enthüllen. Der ehemals geordnete Garten wich einer Gestaltung mit Charakter, die den Ort wirklich an *seinen* Platz bindet.

Höhe ist nur eine Möglichkeit, Rhythmus und Bewegung im Garten zu schaffen. Pergolen und Lauben, von manchen verpönt, sind meiner Meinung nach die besten Wege, Höhenunterschiede zu erzeugen und dadurch neue Blickpunkte zu schaffen. Eine Pergola muss dabei stets einen Zweck erfüllen, ob sie einen Raum gliedert oder einen Weg andeutet, sie braucht eine Funktion, um an ihrem Ort stimmig zu wirken. Ihre Struktur sollte sich auch an etwas in der Nähe orientieren, sei es das Haus oder etwas, das man dahinter sieht – irgendwas muss das Neue mit dem Bestehenden verbinden.

Für mich sind solche Strukturen immer eine Einladung für neue Pflanzen. Nichts stimmt mich trauriger als kahle Gartenbögen, die nur der Gestaltung wegen stehen, statt Raum für Kletterer und Rambler zu bieten.

In diesem Garten erfüllen die Strukturen ihre Aufgabe bis ins Detail. Von den frühesten, zartweißen und hellgelben Banksienrosen im Sommer bis hinein in den Herbst, wenn die letzten der öfterblühenden englischen Rambler ihren Auftritt haben, begegnen uns überall Blüten: auf Nasenhöhe, auf Augenhöhe und über dem Kopf. Clematis sind so gesetzt, dass sie vor und nach den Rosen blühen. Manchmal halten sie sich an den Plan, manchmal überraschen sie uns. Jedes Jahr bleibt es spannend, was sie wohl machen werden.

All diese Höhe verlangt nach Balance. Wie so oft gibt es hier mehr Pflanzen als harte Flächen, schmale Wege schlängeln sich durch die Beete, während sich der Garten entlang des Hauses zieht. Diese Beete eröffnen gleich mehrere Möglichkeiten: Sie bieten Raum für Pflanzen, aber verbinden auch die unterschiedlichsten Bereiche miteinander. Während man sich durch den Garten bewegt, entstehen Stimmungen, die sich ähneln und doch verschieden sind, je nachdem, wo man gerade ist.

Die Gestaltung dieser Beete erwies sich als entscheidend für die Atmosphäre des Ortes. Eine strenge formale Ordnung hätte den Bezug zum Haus nicht geschaffen, zu niedrige Bepflanzung hingegen ein Gefühl von Leere hinterlassen. Erneut war Höhe gefragt: Hohe Pflanzen, die den Pergolen ein Gegengewicht geben, ohne gleichzeitig Ausblicke des Gartens zuzubauen.

Eine Vielfalt von Benton-Irisen steht elegant in einem Stadtgarten, der zugleich reich an Rambler- und Strauchrosen ist.

Hier kommen die nackten Stängel wieder ins Spiel. *Valeriana officinalis* und *V. pyrenaica* mit ihren kleinen, rundlichen Blütendolden, die hoch über kräftigen Stielen schweben, sind eine tolle Möglichkeit, einen pflanzlichen, durchsichtigen Sichtschutz zu schaffen. Gleichzeitig fangen sie das Licht ein und werden temporärer Blickfang auf ihrem Weg durch den Garten. Sie wachsen durch eine Laubschicht aus Stauden und ihre leichte Unbändigkeit, zusammen mit den *Iris*, zaubert genau die romantische Stimmung, die ich suche.

Dieser Garten ist den Iris ebenso gewidmet wie den Rosen. Was hat es auf sich mit der *Iris* – dieser Pflanze schönen, eleganten Pflanze, in der griechischen Mythologie verbunden mit *Iris*, der Göttin des Regenbogens, und von Van Gogh innig geliebt? Selbst das vertraute Symbol der „Fleur-de-Lys" ist aufs Engste mit der Iris verbunden.

Die *Iris* lässt sich leicht mit einer Dame vergleichen, anmutig, ruhig und majestätisch zugleich. An warmen Orten, wo ihnen der Raum gewährt wird, entfalten *Iris* ein Farbenspiel, das sie zu würdigen Nachfolgern der Tulpen macht. Jener Pflanzen, die oft, wenn auch nicht immer, bereits verschwunden sind, wenn die einzigartigen Blüten in allen Farben des Regenbogens erscheinen.

Oben: *Digitalis purpurea* und *Valeriana officinalis* setzen vertikale Akzente und bringen markante Farbtupfer ins Bild.

Gegenüber: Zwischen duftenden Rosen und Stauden zieht eine Sonnenuhr des frühen 20. Jahrhunderts von Archibald Knox, der für seine Entwürfe für Liberty in dessen Hochphase berühmt ist, den Blick auf sich.

Oben: Einige der zahlreichen Iris in diesem Garten sind – im Uhrzeigersinn von oben links *Iris* 'Benton Caramel', *I.* 'Benton Olive', *I.* 'Benton Menace', *Iris sibirica* 'Perry's Blue' und *I.* 'Benton Duff'.

Diese Pflanze kommt mit Hitze gut zurecht, verträgt Nässe jedoch schlecht. Deshalb ist beim Pflanzen besondere Sorgfalt geboten.

In einem Garten, in dem kein eigenes Irisbeet wie in Frankreich oder Italien möglich ist, wo die Blüte bereits im April einsetzt, lasse ich sie stattdessen durch die Staudenbeete schweifen. Ihr Auftritt ist kurz und in meinem eigenen Garten bin ich morgens draußen, um die verwelkten Blüten abzunehmen. Sie blühen vor der Sommerhitze, sind also nicht von späteren Trockenperioden betroffen. Im Gegenteil, sie lieben es, ihre knubbeligen Rhizome in der Sonne zu baden.

Schon beim ersten Besuch führten mich die architektonischen Details des Hauses und die vorhandenen Dekoelemente gedanklich zu den berauschenden Farben der Benton-Iris, gezüchtet von Cedric Morris in den 1940er-Jahren. Wer ihnen je begegnet ist, kennt ihre besondere Wirkung. Und wer es noch nicht geschafft hat, sollte jede Gelegenheit nutzen. Sie stehen stolz und anmutig da, elegant in ihrer Zartheit.

Doch jenseits ihrer Form liegt die eigentliche Verführung in der Raffinesse ihrer Farben und Muster. Trübe Töne mischen sich zu geheimnisvollen Farben, die keine Namen haben und die doch danach verlangen. Sie zu erfinden wird beim Umherstreifen durch den Garten zu einem schönen Zeitvertreib.

Oben: Mit Kletter- und Ramblerrosen bewachsene Wege und Pergolen teilen diesen Garten am Fluss in mehrere eigenständige Gartenräume.

Links: *Rosa* 'Queen of Sweden' (= 'Austiger') und *Centranthus ruber* 'Albus' treffen auf kontrastierende Texturen, die sich gegenseitig wirkungsvoll hervorheben.

Gegenüber: Das intensive, königliche Violett von *Geranium phaeum* 'Lily Lovell'.

Ein Penthouse-Garten

Wo immer Sie sind: Heben Sie den Blick. Zu oft achten wir nur auf den nächsten Schritt, auf den Weg vor uns, auf mögliche Stolperfallen. Dabei vergessen wir, was uns umgibt. Die ausladenden Äste der Schattenspender, die Wolken, die Möglichkeiten des vertikalen Raums. Volumen. Unendlich viele Kubikmeter Potenzial. Und eine vollkommen andere Perspektive.

Hoch über einem belebten Londoner Platz liegt dieser grüne Fleck, so weit oben, dass die Pflanzen wohl nie gedacht hätten, hier Wurzeln zu schlagen. Bei der Planung dieses Dachgartens wurde mir schnell klar, dass auch ich den Blick heben musste, mich von bodengebundenen Gewohnheiten lösen, *weiter hinaus* schauen. Eine Dachterrasse widerspricht der Logik: ein Garten im Himmel? Und doch entsteht hier eine eigene Landschaft, ein neues Ortsgefühl. Historische Türme und moderne Bauten werden zu Blickpunkten und Schleiern zugleich, durch die man hindurchschaut und staunt. Mit der Entfernung verlieren die harten Vertikalen der Stadt ihre Strenge. Von Pflanzen gerahmt, wird Architektur bewunderbar statt erdrückend. Die urbane Umgebung gab mir viele Hinweise, wie sich eine Wunschliste zu einer formbare Masse verdichten ließ: ein Ort zum Abkühlen, Entspannen, Zusammensein. Ein Ort der sich weich unter den Füßen anfühlt, der Bienen Raum gibt. Ein Ort, um die Sonne zu genießen und sich trotzdem geschützt zu fühlen. Ein Ort für Privatsphäre. Ein Ort, um die Aussicht zu genießen.

Sonne und Schatten ließen sich leicht lösen – ein großer Sonnenschirm, der bei Wind einfach eingeklappt werden kann. Doch ein Ort, der zugleich offen und abgeschirmt ist – wie lässt sich das denken? Stellen wir es uns vor. Ein Sprung ins Wasser, jemand sonnt sich, ein Gast entdeckt begeistert die Spitze einer Kirche von Sir Christopher Wren. Während dieses Bild entsteht, ergeben sich die Anforderungen des Ortes fast von selbst. Was kann all diese Aktivitäten zugleich bereichern, ohne sie einzuengen? Pflanzen als Architektur setzen hier den ersten Impuls. Leichte, dachgartentaugliche Birken, in ausreichend großen Töpfen, die ihren Wurzeln Raum geben, lenken den Blick weiter nach oben und nutzen die kostbaren vertikalen Meter, die uns hier zur Verfügung stehen. Ihre aufrechte Silhouette schafft Struktur und Interesse, schenkt Privatheit. Noch wichtiger: sie rahmt die Aussicht ein.

Mehrstämmige Silberbirken fächern sich zu einem umgekehrten Kegel, ausbalanciert von straff aufrechten *Calamagrostis* x *acutiflora* 'Karl Foerster'. Ein Gras, flexibel genug für windige Dachlagen und doch von unbeugsamer Haltung. Die unverzichtbaren Polster aus Geranium und Frauenmantel sind weich im Kontrast zu den etwas robusteren Kuppeln des Pittosporum, während Gaura für sanfte Unschärfe sorgt, die lange anhält und uns dann damit überrascht, dass sie noch länger durchhält. Andere Pflanzen machen diesen Ort auch für nicht-menschliche Besucher attraktiv: Buchenhecken, lebendiger Rasenboden, Wildblumen am Rand. Sie alle schaffen Lebensraum für Wildtiere, die es gewohnt sind, auf sieben Stockwerken Höhe durch die Lüfte zu segeln.

Auf dieser städtischen Dachterrasse wurden Pflanzen in Farbtönen ausgewählt, die sich gut vor dem stetig wechselnden Himmel behaupten.

Über ihre funktionalen Aufgaben hinaus erinnern diese Pflanzen an etwas, das in der Stadt leicht verloren geht: die Wertschätzung dafür, wie sich das Rad des Jahres dreht. Mit dem Sommer wächst auch unsere Aufmerksamkeit. Wir gehen öfter hinaus, entdecken neue Blüten, schneiden hier etwas zurück, beobachten, wie sich einheimische Blumen jedes Jahr entwickeln. Das schafft Vertrautheit und gibt uns ein gutes Gefühl. Es lässt Raum für Spontaneität und Rituale.

Die Impressionisten sorgten einst für einen Skandal, indem sie Violett zur Farbe der Luft erklärten. Eingebildet oder, wie manche heute sagen, schlicht Smog. Ich halte sie für erstaunlich hellsichtig, denn hier erwies sich Violett als vollkommen stimmig. Flieder- und Veilchentöne, bläuliche Rosés und rosige Blauschattierungen, heben sich elegant vom Himmel ab. Blau wirkt beruhigend, Dunkelblau fördert Konzentration und Fokus, Hellblau öffnet den Raum und weckt Erinnerungen an Meer und stille Seen. Schon schweifen die Gedanken weiter zu Reisen, Wasser und Himmel. Rosa steht für Mitgefühl, Unschuld. In der Kunst stand es traditionell für Jugend und Romantik, nicht für jene zuckrige, wehrlose Feminität, die man ihm heute oft zuschreibt. Man denke an das pfirsichfarbene Pastellkleid der Frau in Jean-Honoré Fragonards ebenso frivol-eindeutigem Gemälde *Die Schaukel* – so süß wie es nur geht und doch durch und durch Rokoko-Erotik.

Hier oben stellt sich ein Gefühl von Leichtigkeit, Freiheit und Unbeschwertheit ein. Pflanzen und

Hecken schirmen ab, lassen die Welt fern erscheinen. Vielleicht ist es die reduzierte Farbpalette, die dem Himmel die „Schuld" dafür gibt. Dieser Garten wirkt wie eine neue Grünfläche, geformt aus dünner, violetter Luft.

Gegenüber, links: Ein kleiner Tauchpool auf der Dachterrasse erhält durch eine Buchenhecke im Hintergrund Sichtschutz und Privatsphäre.

Gegenüber, rechts: *Calamagrostis x acutiflora* 'Karl Foerster' markiert den Gartenrand auf subtile Weise, ohne die Aussicht zu beeinträchtigen. Echtes Gras bringt eine angenehme Weichheit auf die Dachfläche.

Darüber: Die lebhaften Stängel von *Oenothera lindheimeri* wiegen sich sanft im Wind der Dachterrasse.

Auf der folgenden Seite: Durch Pflanzen gefasste Ausblicke von der Dachterrasse öffnen den Blick für die Architektur ringsum und nehmen dem umgebenden Beton seine Schwere.

Wohlfühlorte gestalten

Bei meinem ersten Besuch war hier nichts – kein Baum, kein Strauch, keine einzige Staude. Nur eine große, offene Fläche. Normalerweise ist die Umgebung alles. Sie gibt Ihnen Hinweise auf Eingriffe, selbst wenn Sie diese ausblenden möchten. Wenn Sie jedoch mit einer völlig leeren Leinwand konfrontiert sind, müssen Sie sich zuerst für eine Atmosphäre entscheiden, bevor Sie dem Land etwas auferlegen. So können Sie das, was entstehen wird, annehmen, ohne zu wissen, wie dieser Prozess aussehen wird.

Zunächst entstand hier das Spa-Gebäude mit Schwimmbad, der Garten wuchs darum herum. Lehmige, offene Flächen, wenig verstreute Bäume, dahinter die sanfte Romantik der Wealden-Landschaft. Fährt man ein paar Meilen weiter, begegnet man demselben Hintergrund. Dort gerahmt von der berühmten Öffnung der Scheune von Sissinghurst, Sinnbild für Gartenromantik um ihrer selbst willen. Statt eines elisabethanischen Turms hatte ich hier nur ein modernes Hallenbad als zentrales Element, daneben ein Tennisplatz. Mehr nicht. Und doch genug. Ein Ort der Muße und des Vergnügens entstand vor meinem inneren Auge: Stimmen, ein Sonntagnachmittag, der sich bei einem kühlen Getränk entspannt in die Länge zieht. Das war für mich die Definition dieses Ortes. Mir vorzustellen, wie die Leute hierherkommen um zu entspannen, und dann wieder gehen. Sie wurden zu den Figuren auf der Bühne und der Garten zum Bühnenbild, das es nun zu entwerfen galt.

In diesem Garten voller weißer Blüten sorgt *Hydrangea arborescens* 'Annabelle' vor den geschnittenen, von Buchs begleiteten Hainbuchen für eine klare, eindrucksvolle Farbfläche.

Bäume und Hecken übernehmen in diesem Garten die architektonische Rolle: oben strukturieren aufgebundene Hainbuchen aus Buchsbaum den Raum, während unten Eibenhecken den tiefer gelegenen Bereich des Tennisplatzes abschirmen.

Eine Skizze zeigt, wie in diesem Garten neben einem Spa mithilfe der Bepflanzung definierte Bereiche zum Verweilen geschaffen werden.

Zurück zur Offenheit. Dieser Bereich lag direkt neben einer großen, dauerhaft genutzten Traktorhalle und genau deshalb war Privatsphäre entscheidend. Sie gehört ohnehin fast immer zu den Top drei auf jeder Wunschliste von Gartenbesitzern, in diesem Fall jedoch unangefochten auf Platz eins. Fragt man nach naheliegenden Lösungen, denkt man an Hecken, Bäume oder Mauern – zu Recht. Doch geht man dem Wunsch nach Rückzug tiefer auf den Grund, zeigt sich etwas Grundsätzlicheres: das Bedürfnis, gehalten zu werden. Umschlossen, geschützt, umarmt. Dieses Gefühl von Geborgenheit gehört zu den schönsten Qualitäten eines Gartens. Es lässt uns zur Ruhe kommen, schenkt Sicherheit und öffnet den Raum für Gedanken, Tagträume und leises Sinnieren – und genau in diesem Zustand werden wir empfänglich für die Magie des Gartens.

Während das Schwimmbad gebaut wurde, wurden hohe Eibenhecken um das Gelände gepflanzt. Backsteinmauern kamen dazu, um kleine Halbräume zu schaffen – Nischen und Gesprächsecken, die ganz nebenbei auch die verschiedenen Höhenunterschiede auf dem Grundstück ausgleichen. Diese neuen Schichten und „Räume" boten Platz für: *noch mehr Grün*. Ich will, dass Elemente von beiden Seiten hereinkommen und für Spannung sorgen. Die Flügel, die Kulissen, die uns zum Innehalten, Verstecken und zur Atmosphäre führen – aus allen möglichen Blickwinkeln. Dafür brauche ich Grün.

In seinem herzzerreißenden und doch transzendenten Buch *Chroma* erinnerte Derek Jarman an die Worte des italienischen Humanisten und Philosophen Marsilio Ficino aus dem 15. Jahrhundert: „Die Unterhaltung alter Menschen sollte unter Venus auf einer grünen Wiese stattfinden. Während wir durch all dieses Grün schlendern, könnten wir uns fragen, warum die Farbe Grün

Links: Klare Linien und geometrische Pflanzungen werden in diesem abgesenkten Garten durch üppig wachsende, weich fallende Pflanzen sanft aufgelockert.

Gegenüber: Grün ist seit jeher die Farbe der Erneuerung und der Ruhe. Die weiße Rinde der Birken wird hier zunächst von *Allium* 'Mt. Everest' hervorgehoben und später von *Hydrangea arborescens* 'Annabelle' aufgegriffen.

uns mehr als jede andere hilft." Schon damals war man sich der heilenden Wirkung des Waldbadens bewusst.

Zu oft reduzieren wir Grün auf wenige Begriffe wie Limette, Smaragd oder Oliv. Dabei ist die Palette unendlich: Apfelgrün, Mintgrün, Waldgrün, Flaschengrün, Salbeigrün, Jade, Moosgrün, Erbsengrün, Kieferngrün, Seeschaumgrün, Pistaziengrün, Smaragdgrün, Khaki, Eau-de-Nil-Grün, Racing-Green-Grün, Grünspan, Absinthgrün, Kellygrün, Scheeles Grün, Terra-Verde-Grün, Avocadogrün, Seladongrün, Schöllkrautgrün, Spargelgrün, Beryllgrün, Lincolngrün, Neongrün, Jaspisgrün, Malachitgrün, Peridotgrün, Phthalo-Grün, Pfauengrün, Viridiangrün, Berggrün, Lauchgrün, Grasgrün, Entengrün, Ölgrün, Zeisiggrün. Meine Hoffnung bei diesem Projekt war es, die Vielfalt spürbar zu machen. Nicht, damit jeder Ton benannt wird, sondern damit Besucher sie unbewusst wahrnehmen und sich an ihrer Vielschichtigkeit erfreuen.

Wenn wir an Grün denken, erscheint vor unserem inneren Auge eine erholsame Landschaft. Grün steht für Erholung und Ruhe. Das lateinische Wort für Grün ist *viridis* und teilt seinen Ursprung mit Wörtern für Kraft und Leben. Zufall? Umso erstaunlicher die Frage, wie Grün *jemals* mit Neid, Missgunst oder Krankheit verbunden wurde. Im Mittelalter galt das Mischen von Farben als verdächtig, beinahe alchemistisch. Blau und Gelb durften schlicht nicht gemischt werden. Selbst in der frühen Renaissance mussten Künstler ihre grünen Pigmente mühsam selbst herstellen – ein schwieriges Unterfangen, denn die dafür verwendeten Stoffe waren launisch, instabil und kaum berechenbar. Grünspan wurde schwarz, Chromgelb dunkelte nach. Selbst relativ moderne Maler wie Seurat hatten damit zu kämpfen. Das Gras in seinem *Ein Sonntagnachmittag auf der Insel La Grande Jatte* wirkt heute stellenweise „verwelkt". Vielleicht liegt hier

Der Grüne Mann

Wer je ein Maifest oder einen Morris Dance erlebt hat, kennt vielleicht die rätselhafte Gestalt: den Green Man auch Jack in the Green genannt, Sinnbild für Leben, Erneuerung und die Abhängigkeit des Menschen von der Natur. Auch wenn der Begriff selbst erst in den 1930er-Jahren geprägt wurde, ist die Idee weitaus älter. Als von Blättern und Ranken umwachsener Kopf erscheint der Grüne Mann in Irland als Derg Corra, der „Mann im Baum", in Indien als Kirtimukha, auf Borneo als Waldwächter. Osiris im alten Ägypten, Odin in der nordischen Mythologie, der Grüne Ritter aus der Artussage, John Barleycorn zur Erntezeit, der Stechpalmenkönig und Thamuz der Mesopotamier – sie alle sind Versionen des Grünen Mannes.

Gegenüber: Große Pflanzflächen aus weißen Hortensien und markantem Blattwerk wie *Equisetum* ziehen den Blick auf sich und lassen den Tennisplatz hinter der Hecke in den Hintergrund treten.

der Ursprung der dunklen Assoziation? Spätestens im 19. Jahrhundert wurde Grün tatsächlich gefährlich: Kupferarsenit-Pigmente fanden bedenkenlos Einsatz in Kleidung und Lebensmittelverpackungen, mit schleichend giftiger Wirkung.

Glücklicherweise hat Grün seine ursprüngliche Verbindung zu neuem Leben zurückgewonnen. Dieser Garten macht sich das zunutze und bietet überall Grün, Grün und noch mehr Grün, ergänzt vom frischen Weiß der Annabelle-Hortensie. Hainbuchen, inspiriert von den majestätischen Exemplaren in der Ferne, schirmen unerwünschten Elemente ab und erzeugen zugleich eine sanfte Unschärfe, die vom Tennisplatz dahinter ablenkt.

Einen Tennisplatz wird man nie komplett abschirmen können. Zumindest nicht einfach. Er braucht Licht und Raum. Also lieber ablenken, ein Konzept, das ich vor Jahren vom britischen Designer James Alexander-Sinclair übernommen habe. Er schlug vor, Tennisplätze mit gezackten Parterre-Pflanzungen zu umspielen, um den Blick zu fesseln und vom Maschendrahtzaun wegzulenken. Die geometrischen Ebenen, Würfel auf Stelzen und am Boden, sind eine Weiterentwicklung dieser Idee. Ergänzt werden sie durch Beete aus Annabelle-Hortensien, immergrünem Viburnum, Pittosporum und mehrstämmigen Silberbirken, die Privatsphäre schaffen und den Blick in alle Richtungen ablenken.

Die klassische Kombination aus Grün und Weiß wirkt kühl im Kontrast zu Dunkel und wird auf zeitgemäße Weise eingesetzt. Für Einfachheit und Privatsphäre. Als Anspielung auf den berühmten Weißen Garten gleich um die Ecke soll dieser weiße Garten unterhalten und erfreuen. So fühlen sich die Spa-Besucher blitzsauber, wie nach ihren Behandlungen.

Geheimer Garten in Kent

Geschmack in der Kunst ist zutiefst subjektiv. Ein Kunde und ich mögen uns nie auf den schönsten Rosaton einigen und selbstverständlich müssen wir nicht dieselbe Kunst lieben. Als es jedoch darum ging, Werke für diesen Garten auszuwählen, traf Subjektivität auf Objektivität. Ein Sammler wünschte sich drei figurative Skulpturen von Helen Sinclair an einem Ort, an dem ich sonst höchstens ein einziges Werk vorgesehen hätte. Wir hörten einander aufmerksam zu, führten tagelang konstruktive Diskussionen und schließlich wurde klar: Es ging nicht darum, wer von uns recht hatte. Weder der Auftraggeber noch ich sollten bestimmen, sondern die Figuren selbst. Denn ein Kunstwerk, das von seinem Künstler zum Leben erweckt wurde, lässt sich nicht einfach irgendwo platzieren und dann sagen: „Bleib hier". Ich kann nur ermutigen, diesen Sprung zu wagen und dem scheinbar Unbelebten zuzuhören.

Mir erschien es immer am schwierigsten, Figuren auszuwählen. Schließlich teilt man seinen Garten für eine gewisse Zeit mit dieser Person und muss sicher sein, dass man seinen Teil der Freundschaft erfüllt und sie gut behandelt. Darstellungen der Realität werden zur Realität. Sie glauben mir nicht? Geben Sie jetzt still zu, ob Sie jemals mit einer Skulptur in Ihrem eigenen Garten gesprochen haben. Wenn Werke mit Seele eingeladen werden, gehört der Raum ebenso ihnen wie uns.

Ich bin darin geübt, in fast jedem Raum Potenzial zu erkennen. Doch beim ersten Besuch schien mir dieser Ort zunächst lediglich ein Parkplatz an einer Dorfstraße in Kent zu sein. Meine Aufgabe war es, ihn in einen Ort stiller Abgeschiedenheit zu verwandeln, sicher für die drei Figuren und gleichzeitig wie eine Galerie gedacht. Sie verdienten einen strukturierten, begrünten Innenhof voller Farbe mit Besuchern, die ihnen Gesellschaft leisten. Ein Ort, der für alle funktioniert: für Großeltern, Kinder auf Dreirädern und Erwachsene auf der Suche nach Ruhe.

Um Privatsphäre zu schaffen, benörtigen die Skulpturen zunächst einen schützenden Rahmen. Die Materialwahl fiel umso leichter, als die historischen Gebäude in der Nähe leise Hinweise auf Herkunft und frühere Nutzung geben. Das Lokale darf hier gefeiert werden, nicht entschuldigt. Die Bäckerei an der Ecke, das ehemalige Telegrafenamt gegenüber, Relikte eines einst geschäftigen Dorfes, dessen Trubel immer noch nachhallt. So boten sich Ziegel, Steine und Holz ganz selbstverständlich an, damit sich das Neue augenblicklich einfügt. Alte Ziegel wurden in einer neu errichteten Mauer für Privatsphäre verbaut und ein neues Tor aus altem Eichenholz eingesetzt. Ziegelfarbene Pflastersteine formen einen Essplatz, im Fischgrätenmuster verlegt, um ein bisschen Geschichte und Abgrenzung zum übrigen Mauerwerk zu schaffen.

Während der Garten Gestalt annahm, fanden alle drei Figuren ihren Platz. Die aufrechteste von ihnen steht freundlich neben dem neuen Tor und begrüßt die Ankommenden mit einer Haltung, die Schutz und Überraschung vermittelt. Sanft geborgen unter einer mehrstämmigen *Cercis canadensis* 'Forest Pansy' greifen ihre Rot- und Purpurtöne die Ziegelfarben auf und übersetzen sie in eine weiche,

Die Rot- und Purpurtöne der mehrstämmigen *Cercis canadensis* 'Forest Pansy' übertragen die Farbigkeit des Ziegels in eine weiche, blattartige Form.

blättrige Form. Diese Skulptur zeigt sich nicht sofort: Sie ist die stille Beobachterin des Gartens, zurückhaltend und geduldig. Am gegenüberliegenden Ende sitzt eine zweite Figur meditierend im Schatten alter Eichen und Buchen. Erdverbunden und ganz bei sich, im Schneidersitz auf dem Boden, versunken in Gedanken, im Spiel von Schatten und Stille.

Entscheidend für das Erleben eines kleinen Gartens ist, dass er sich langsam entfaltet. Was wir sehen, bindet unsere Aufmerksamkeit und je mehr Schichten, Texturen, Farben und Licht erst nach und nach sichtbar werden, desto mehr werden wir dazu verleitet, weiterzuerkunden. Gerade weil sich nicht alles auf einen Blick erschließt, entsteht Spannung: Wir entdecken, lassen uns überraschen und bleiben fasziniert.

Der Weg durch den Garten wird von verschiedenen Punkten und Hinweisen geleitet. Erst als die dritte von drei Felsenbirnen zu einer Wendung auffordert, die zu einem ruhigen Ort vor dem Wohnzimmer führt, begegnen wir der dritten Skulptur. Zurückhaltend hinter Gräsern versteckt, sitzt sie mit baumelnden Beinen auf einem Sockel, umgeben von einer Flut aus Riesen-Fingerhirse *Stipa gigantea*. Deren ausladende Halme die Formen der Felsenbirne widerspiegeln. Ihre Blüten, Früchte und Herbstfarben begleiten den Lauf der Jahreszeiten. Selbst im Winter bleiben ihre Zweige – als graue, verzweigte Kunstwerke vor zeitlosen Backsteinbrauntönen.

Das Laub von *Liquidambar* und *Cercis canadensis* 'Forest Pansy' unterstreicht die angenehm rostigen Farbtöne der im Flechtverband verlegten Ziegelpflaster der Terrasse.

Oben: Die Bepflanzung rahmt die Skulpturen von Helen Sinclair und lässt eine sitzende Figur nur halb sichtbar werden. Blätter und Zweige sind so gewählt, dass sie Licht und Schatten besonders wirkungsvoll zur Geltung bringen.

Gegenüber: Der rustikale Eingang lässt an einen verborgenen Garten denken.

HOU
S

Ein Küstengarten in Sussex

Schon bei einem kurzen Spaziergang oder einer Fahrt entlang der Küste von East Sussex zeigt sich, wie radikal sich diese Landschaft von Meile zu Meile verändert. Das Meer ist allgegenwärtig. Es lässt sich weder ausblenden noch zähmen. Seine Kraft, die Bewegung, Wind und Salz, die auf die Küste treffen und sie Tag für Tag neu formen, sind der Ausgangspunkt jeder gestalterischen Entscheidung. Die Gezeiten setzen nicht nur die Landschaft, sondern auch unsere Gedanken in Bewegung. Der Himmel und die Küstenbänke verändern sich ständig: Springtiden legen Verborgenes frei, Nipptiden ziehen das Meer weiter zurück, als man es für möglich hält – es wirkt wie Zauberei.

Dies ist ein Garten für Menschen, die von Kreativität leben und ihre Tage damit verbringen, Fantasiewelten zu entwerfen. Skurrile Einfälle erwarteten sie von mir also nicht und genau das empfand ich als wohltuend. Bei meinem ersten Besuch war diese Ecke ein wirres Nebeneinander aus Kunstrasen und streng rechtwinkligen Mauern. Um diese Härte aufzulösen, wurde das „Ausleihen" aus der Landschaft wörtlich genommen. Wir hielten Ausschau nach Dingen, die in der Nähe des Hauses angespült oder zurückgelassen worden waren – in dem Bewusstsein, sie nur auf Zeit zu entlehnen, sie im Garten zu platzieren und eines Tages dorthin zurückzugeben, wo sie gefunden wurden. Es wurde nicht gegraben, nichts ausgehoben, kein Lebensraum gestört. Doch alles, was hoch und trocken lag, nahmen wir dankbar als Leihgabe aus der Meeresbibliothek an.

Trotz seiner Küstenlage liegt dieser Garten geschützt und ruhig: offen im Ausdruck, aber zugleich ein Rückzugsort.

An diesem wilden, windgepeitschten Küstenort wäre alles Glatte, Maschinelle oder eigens "Witterungsoptimierte" fehl am Platz gewesen. Die Landschaft verlangt nach einer anderen Sprache: nach gestürzten Felsbrocken als tragender Struktur, als hätte das Meer sie selbst hier abgelegt. Die Wege fügen sich aus Purbeck Stone zu rauem Crazy Paving – unregelmäßig, kantig, ehrlich. Die leicht verwitterten Zaunbohlen aus wiederverwendetem Holz stammen von einem stillgelegten Pier; ihre neue Ordnung zitiert die Bühnen der Umgebung. So haben sie erneut einen Platz am Meer gefunden – nicht am selben, aber nah genug, um glaubwürdig zu bleiben. Es sind nicht die großen Gesten, sondern die Details, die einem Ort seine Wahrheit verleihen.

Durch die Rückgewinnung eines geschützten Raums entstand eine Grünfläche für eine Familie. Widerstandsfähige Gräser und Rosmarin fügen sich mit ihren gedämpften Farben selbstverständlich zwischen andere robuste Pflanzen, denen Wind, Salz und Sonne nichts anhaben können. Sie wachsen aus Ecken und Kanten, bilden weiche Übergänge und Puffer zwischen Orten des Spielens, der Ruhe und des Nachdenkens. Dieser Garten versucht nicht, der Witterung zu entkommen – sondern bietet lediglich für einen Moment Schutz vor ihr.

Gegenüber: Maßgefertigtes Bruchsteinpflaster aus Purbeck Stone (links) ist mit Findlingen aus demselben Steinbruch eingefasst; wiederverwendetes Holz dient als verwitterter Zaun (rechts), der der salzhaltigen Umgebung gerecht wird und ihr standhält.

Oben: Robuste Pflanzen wie Lavendel, Erigeron und rot getönte Gräser überstehen die Bedingungen an der Küste nicht nur, sondern gedeihen dort besonders gut.

WASSERALLEE

Restaurierung eines viktorianischen ummauerten Gartens

Für viele ist der Herbst die schönste Jahreszeit. Das Morgenlicht legt einen dunstigen Schleier über den Garten, Nebel hängt tief, Spinnennetze glitzern zwischen den Wegen. Licht, Stille und Sanftheit tragen bereits die Ahnung kürzerer Tage in sich, auch wenn die kommende Dunkelheit noch fern scheint. Die Ernte ist eingebracht, Kränze schmücken die Türen, die Arbeit ist getan. Jetzt beginnt die Zeit des Rückzugs – und des stillen Innehaltens über das, was gewachsen ist.

Angesichts meiner Liebe zur Recherche und Geschichte war die Restaurierung dieses drei Hektar großen, ummauerten viktorianischen Gartens ein Geschenk. Einst beherbergte er 13 produktive Gewächshäuser und ist heute Teil des historischen Tongswood Estate. Da der Garten bereits öffentlich zugänglich ist, können wir seine Wiedergeburt teilen und den Fortschritt der behutsamen, in Etappen angelegten Renovierung in Echtzeit erlebbar machen.

Heute wandern Besucher gemächlich durch die Beete, fotografieren die von der Natur zurückeroberten Gewächshäuser, legen zwanglos Pausen ein und verbringen ganze Tage in diesem Garten. Vor 100 Jahren herrschte hier reges Leben: 40 Gärtner pflegten Gemüsebeete, Nelken- und Pelargonienhäuser und zogen im Melonenhaus exotische Früchte heran. In den frühen Morgenstunden, wenn die Sonne tief steht und der Hochsommer sich dem Ende zuneigt, wird dieser Geist spürbar. Man meint, aus den Augenwinkeln jemanden mit einem Korb

Eine spätsommerliche Rabatte führt diesen viktorianischen, ummauerten Garten behutsam ins 21. Jahrhundert.

vorbeigehen zu sehen oder eine Schubkarre rumpeln zu hören und fragt sich, ob man sich in der Gegenwart oder in der Vergangenheit befindet, so real erscheinen die Geister dieses Ortes. Sie erinnern uns an das Erbe derer, die vor uns da waren.

Dieser Garten besitzt eine eigene, stille Romantik, gewachsen aus langer Geschichte und einer Phase liebevoller Vernachlässigung. Gemeinsam mit seinen Hütern beginnen wir nun, behutsam zu erkunden, was er uns künftig schenken möchte. In einem Punkt sind wir uns einig. Die Romantik soll bleiben. Vor uns liegt eine ebenso ambitionierte wie langfristige Aufgabe – den Garten Schritt für Schritt wieder zu einem produktiven Ort zu entwickeln. Doch nicht als viktorianische Kulisse. Wir respektieren seine Wurzeln, richten den Blick jedoch nach vorn. Ziel ist ein Garten für alle: offen, zeitgemäß, vielschichtig in seiner Bedeutung und Nutzung. Die Restaurierung wird sich über Jahre erstrecken und in Etappen erfolgen, getragen von dem Wunsch nach einem demokratischen Ort des Austauschs. Ein Ort, an dem Menschen zusammenkommen und erfahrene Lehrer ihr Wissen über Gartenbau, Floristik, handwerkliche Künste und Kulinarik weitergeben.

Dieses Projekt bewegt sich zwischen Vorfreude und Verantwortung. Es gilt, die historische Größe zu respektieren und zugleich einen nachhaltigen, offenen Garten für das 21. Jahrhundert zu schaffen. Geplant sind ein Rosen-„Obstgarten" mit Frühlingszwiebelwiese, eine Quittenallee am Eingang, Stauden- und Sommerblumenbeete, bepflanzte Mauerränder, Gartenarchitekturen, eine Pergola mit Fruchtkäfig, ein naturnaher Spielbereich, ein Waldgarten mit Skulpturenpfad, ein Nussgarten

sowie klar definierte Bildungsräume. Ein fein verzweigtes Wegenetz durchzieht das Gelände wie ein Labyrinth: Es eröffnet Wahlmöglichkeiten, lädt zum Erkunden ein und macht den Garten zu einem Ort des Verweilens – nicht nur des Durchquerens.

Denkt man an die Besucher, fallen die Gedanken unweigerlich auf die Zeit, in der dieser Garten erlebt wird. In Großbritannien ist der September fast immer verlässlicher und freundlicher als der Mai, ein starkes Argument, den Herbst bewusst als Höhepunkt zu denken. Das verlangt Gelassenheit und Mut: den Verzicht auf frühe Effekte, die ein einziger Sturm zunichtemachen kann. Mit dem Jahreslauf verändert sich auch das Licht, wird weicher, gedämpfter. Zurückhaltende Akzente, ruhige Farbflächen, Samenstände und wiegende Gräser treten in einen Dialog mit den gealterten Strukturen der Umgebung.

Dieser viktorianische, ummauerte Garten bewahrt viele besondere Elemente, darunter eines der längsten Pfirsichspaliere Großbritanniens. Wie viel davon restauriert werden soll und was bewusst in seinem jetzigen Zustand bleibt, ist ein Thema, das immer wieder neu diskutiert wird.

Auf der folgenden Seite: Der wohl behutsamste Eingriff überhaupt: Heuballen bilden in einer gemähten Grasfläche einen schlichten, aber überraschend einladenden Sitzplatz.

Späte Rosen, Nerinen und sorgfältig ausgewählte botanische Dahlien setzen gezielte Akzente, ohne Unruhe zu erzeugen. Amaranth bringt rubin- und magentafarbene Tiefe, während üppige Laubmassen im Herbstlicht zu leuchten beginnen. Alles veströmt ein Gefühl von sanfter Reife, keine Blüte hat es eilig, irgendwohin zu verschwinden.

Tongswood leitet sich ursprünglich von den zwei Flussarmen (*tangs* im Altenglischen) des Rother ab, die das Gelände durchziehen. Wasser spielt hier bis heute eine zentrale Rolle. Angesichts der vielen geneigten Dächer lag es nahe, den Regen gezielt aufzufangen und zum Ausgangspunkt eines neuen Leitmotivs zu machen; der sichtbaren Wasserzirkulation auf dem Anwesen. Das Wasser soll seinen Weg sichtbar nehmen, von Quelle und Speicher als gestaltete Blickpunkte bis hin zum historischen runden Tauchbecken im Zentrum der vier Gartenquadranten. Von dort aus versorgt es unterschiedliche Beete: Schaubeete, Schnittblumen für Tischdekorationen und Brautsträuße, Salatbeete, deren Ernte in die Küche und dann auf den Tisch wandert.

Wir arbeiten konsequent nach dem No-Dig-Prinzip. Kompost bildet das Herz der Regeneration und bringt dem Boden Schicht für Schicht neues Leben zurück – ganz ohne chemische Mittel. Sträucher und Bäume sind dabei meine bevorzugten Bausteine. Sie verbinden Schönheit mit Nutzen und strukturieren den Garten auf natürliche Weise. Essbare Hecken entwickeln sich in klar lesbaren Reihen und Schichten, ein Luxus, den dieser großzügige Raum erlaubt. Regeneration und Nachhaltigkeit prägen jeden Aspekt des Entwurfs. Ein Ansatz, der auf Respekt gründet und aus dem die Romantik vergangener Zeiten wieder aufblühen darf.

Spätblühende Pflanzen tragen zum Ziel des Gartens bei, Besucher bis weit in die Saison hinein anzuziehen.

Gegenüber, oben: *Dahlia* 'Verrone's Obsidian'.

Gegenüber, unten: *Dahlia* 'La Recoleta'.

Oben: *Dahlia* 'Bacardi'

Oben: Ein Meer aus Cosmeen und *Dahlia merckii* verleiht dem Spätsommer eine romantische Note.

Gegenüber: Wenn Blüten und hohe Gräser in herbstliche Töne übergehen, unterstreichen sie auf besonders schöne Weise die Anmut, und die Farbigkeit der alten Ziegelmauern.

EIN HISTORISCHER DORFGARTEN

Die Landschaft wiederherstellen

Ganz gleich, wie groß das Stück Erde ist, das zu unserem Zuhause gehört, wir sollten nie vergessen, dass es uns *anvertraut* wurde. Diese kostbare Leihgabe der Natur wurde uns anvertraut, damit wir sorgsam damit umgehen. Es geht um Fürsorge, nicht um Besitz, unabhängig davon, was auf dem Papier steht. Verantwortung ist dabei keine Last, keine endlose Abfolge von Pflichten. Im Gegenteil: Es liegt große Freude darin, Lebendiges zu begleiten und zu nähren – eine Topfpflanze, ein Tier, ein Kind oder einen Garten. Gerade der Garten führt diesen Gedanken weiter, denn hier existieren unzählige Lebensformen an einem Ort. Schon der Boden ist eine eigene Welt, voller Gemeinschaften, um die wir uns kümmern dürfen. Und es liegt an uns, zu lernen, wie wir ihr gerecht werden.

Wenn ein Haus einen Namen trägt und dieser Name einst der eines blühenden, geschäftigen Dorfes war, dann liegt darin eine Menge unausgesprochener Geschichte, die nur darauf wartet, wiederentdeckt zu werden. Vergleichbar mit einem Kriegerdenkmal, an einer Kreuzung, mit einer Kirche daneben. Rudyard Kipling lebte gleich um die Ecke. Sein Haus Bateman's ist immer noch für Besucher geöffnet. Hier schrieb er „The Glory of the Garden", ein Gedicht, das die Idee feiert, wie schön ein Garten (und das ganze Land) sein kann, wenn die Menschen es pflegen.

Hier florierte einst der Schmuggel: Die sogenannten „Owlers" betrieben über Generationen hinweg ein einträgliches Geschäft, und auf dem Kirchhof gegenüber findet sich noch heute ein Schmugglergrab. Straßenräuber trieben sich auf der Dorfstraße herum, mal träge lauernd, mal blitzschnell zuschlagend.

Dieser Garten wurde bewusst romantisch gestaltet – und zugleich so angelegt, dass er auch von einem Autraggeber gepflegt werden kann, der zuvor keine Gartenerfahrung hatte.

Oben und gegenüber: Um den Pflegeaufwand gering zu halten, wurden hier bewusst krankheitsresistente englische Rosen gewählt, darunter *Rosa* 'Olivia Rose Austin' (= 'Ausmixture'), *R.* 'Gentle Hermione' (= 'Ausrumba'), *R.* 'Munstead Wood' (= 'Ausbernard'), *R.* 'Falstaff' (= 'Ausverse') und *R.* 'Queen Elizabeth'. Im Frühsommer werden sie von der in Großbritannien heimischen *Valeriana officinalis* begleitet, die als hoch wachsende Partnerpflanze Struktur und Leichtigkeit einbringt.

Auf der folgenden Seite: Zwei tief angelegte Blumenbeete verbergen eine Sitzbank am Baum. Neben ein paar weiteren Bänken ist dies das Einzige, was in diesem von überhängenden, sich ausbreitenden Pflanzen geprägten Garten bewusst ergänzt wurde.

Nur acht Meilen entfernt liegt der Senlac Hill, wo Harold Godwinson 1066 seinem Schicksal entgegenging. Die Geister listiger Männer mit finsteren Plänen scheinen hier noch immer gegenwärtig. Sie erinnern mich daran, wie einfach meine Aufgabe, ein paar ganz normale Gartenpläne zu erstellen, ist.

In diesem Garten suche ich nach Spuren früherer Absichten, um sie mit denen der heutigen Bewohner in Einklang zu bringen – denn die neuen kenne ich gut. Als Mary Jane Paterson und ich uns kennenlernten, war sie eine entsetzliche Gärtnerin und ich eine ebenso schlechte Köchin. Jahre später sind ihre Gartenkünste bemerkenswert, wie die Verwandlung ihres eigenen Gartens zeigt. Wir haben ihn gemeinsam entwickelt – und dabei ganz nebenbei auch ein Buch geschrieben. Mit dem zu arbeiten, was bereits da war, führte zu einer Transformation, die dieses historische Haus heute in eine ruhige, romantische Atmosphäre hüllt.

Die Bepflanzung ist bewusst einfach und zugänglich gehalten. Keine harten Kanten, alles weich und ruhig. Sie bewegt sich auf der wilden Seite der Natur – die Besitzerin nennt es „zottelig". Einzelne Rosen tauchen unerwartet auf wie diese Straßenräuber, die sich nur dann zeigen, wenn es ihren eigenen Interessen dient: *Rosa* 'Olivia Rose Austin' (= 'Ausmixture') wirft hier eine Blüte ab, *Rosa* 'Gertrude Jekyll' (= 'Ausboard') schickt dort drüben noch eine letzte duftende Botschaft. Baldrian, ein Kraut mit langer Geschichte in Liebestränken und als Schutz gegen Hexen und dunkle Machenschaften, gedeiht hier zuverlässig. Wir geben Pflanzen Charakter, weil wir spüren, dass sie sich manchmal mehr erlauben, als die Botanik erklären kann.

Die Devise „Nicht zu viel nachdenken!" ließ ein üppiges, leicht verwildertes Staudengeflecht entstehen – ganz nach meinem Geschmack. Ohne Chemie, mit gutem Grund. Ein Hauch Rosa hebt die Stimmung: zartrosa Rosen zwischen den violetten Türmen von Salbei und Veronicastrum. Sie wirken wie stille Wächter, die den Ort das ganze Jahr über im Blick behalten und zugleich ein blumiges Netz für das schwindende Licht spannen. Schon beim Betreten spürt man, dass dieser Garten liebevoll begleitet und nicht mit Zwang gepflegt wird. Und die Bienen und alle anderen Bestäuber? Sie sind völlig aus dem Häuschen, schwirren von Pflanze zu Pflanze und genießen das Festmahl im Beet.

Zwei Beete, ein Sitzplatz unter einem Baum, ein oder zwei Bänke – mehr brauchte dieser Garten nicht. Alles Weitere hätte das Gleichgewicht gestört und sich wie ein aufgedrängter Wille angefühlt. Es ist eine feine Balance. Doch wenn Überflüssiges weicht, antwortet der Garten selbst und zeigt, dass es stimmt. Ein Weg führt im Kreis: morgens, um die Bäume zu begrüßen, abends, um sie zu verabschieden, wenn sie mit der Sonne zur Ruhe kommen.

ROSEMOOR

Ein Garten innerhalb eines Gartens

Rosemoor ist ein Garten der Royal Horticultural Society, der in einem Tal im Herzen von Devon liegt. Auf der Südwesthalbinsel kann die Sonne zwar kräftig scheinen, aber in dieser Gegend fällt auch viel Regen. Als ich dort war, war es matschig und der Himmel war grau und schmutzig. Alles war nass.

Schlamm, Regen und Kälte. Als wir entlang des stählernen Eibengerüsts gingen, das die einzelnen Gartenräume klar voneinander absetzt, ließ der Regen nach. Die Kälte kroch bis in die Knochen und man wusste, dass ein Mittagessen am Feuer kaum ausreichen würde, um die Wärme dorthin zurückzubringen, wo sie hingehört.

Grüne Hecken ragten schwarz im gedämpften Licht empor und umschlossen einen Ort, der düster und bedrückend wirkte, allerdings eher wie in *Walking Dead* als wie bei James Dean. Der gnadenlose, 30 Jahre alte Asphalt war undurchdringlich, ließ Regenwasser ungehindert ablaufen, nur um es anschließend in schmutzigen Pfützen festzuhalten, weil jeder Abfluss fehlte. Die Ironie dabei ist, dass sich direkt hinter dem Garten ein grüner Waldteppich ausbreitet, der die Hänge des Torridge hinabzieht. Das offensichtliche Ziel für all das Wasser, das stattdessen gefangen blieb.

Durchnässt vom Nieselregen dieses unerbittlichen Tages begann sich allmählich jene Atmosphäre zu zeigen, die dieser Garten brauchte. Sich in einen Kunden hineinzuversetzen, wenn es keinen klaren Auftraggeber gibt, ist eine besondere Herausforderung.

Winterlicher Frost verstärkt die Struktur der Pflanzen im Cool Garden der RHS Rosemoor in Devon noch zusätzlich.

Imbolg

Der Januar ist ein alter, kalter Monat. Nach dem Weihnachtsstress und dem darauffolgenden unvermeidlichen Einbruch, wenn der weniger abgelenkte Blick wieder nach draußen wandert, fällt es leicht, in dieser grauesten Zeit des Jahres ein wenig mutlos zu werden. Graue Himmel verspotten uns; wir *wissen*, was direkt über diesen ärgerlichen Wolken lauert. Also murren wir und warten ungeduldig darauf, dass die Tage länger werden. Und tatsächlich: Fast unmerklich beginnt sich das Rad des Jahres zu drehen. Imbolg nennt man diesen stillen Übergang vom Winter zum Frühling. Noch hält die Kälte an, doch erste Zeichen widersprechen der Schwere der Tage. Frost bleibt nicht ewig, Dunkelheit weicht Minute um Minute dem Licht. Der Gesang der Vögel wird lauter, und wie durch Zauberhand zeigen sich die ersten Knospen. Sie wissen längst, was wir erst langsam begreifen: Ihre Zeit ist gekommen.

Vom winterlichen Sonnenlicht hinterleuchteter Frost hebt die unterschiedlichen Formen der Pflanzen in scharfem Kontrast hervor – Formen, die man in anderen Jahreszeiten oft nur wegen ihrer Farbe bemerkt: dicht gebündeltes Laub, lockere Halme, gerade Stängel und offene Verzweigungen.

In privaten Gärten begegne ich den Menschen, die den Ort hüten. Wir lernen uns kennen, trinken Tee und klären, was möglich ist und was besser unterbleibt. In einem öffentlichen Raum gelten andere Regeln. Er gehört allen. Er muss vieles zugleich sein: ein Ort für den Spaziergang mit einer Freundin, für stille Momente, für zufällige Gespräche. Ein Ort, an dem ein Kind erstmals die Umarmung der Natur spürt. Ein Ort zum Sitzen, zum Gehen und einer, der sich ebenso selbstverständlich aus einem elektrischen Rollstuhl heraus erleben lässt.

Er muss auch für jene Sinn ergeben, die ihn später pflegen. Für die Gärtner, die bei jedem Wetter draußen sind, damit Pflanzen gedeihen können, und die schon früh eng mit dem Designer zusammenarbeiten. Sie übersetzen Konzepte in Praxis, denken sich in Stimmungen hinein, lesen Pflanzennamen wie Hinweise, deuten Adjektive, schlagen Alternativen vor. So entsteht ein gemeinsames Bild davon, wie sich der Garten anfühlen soll – oft lange bevor er gezeichnet ist, manchmal sogar bevor die Designerin selbst es ganz erfasst hat.

All dies kommt aus unterschiedlichen Richtungen. Die praktischen Dinge, Anforderungen, Wünsche, Bedürfnisse und Wirkungen müssen zusammengedacht werden, damit ein Garten funktioniert. Nirgends gilt dies mehr als hier, einem Ort, der bei jedem Wetter der Öffentlichkeit offensteht.

In jedem Garten gibt es ein Element, das alles andere überlagert. Erkennt man es, fügt sich der Rest fast von selbst. Dafür braucht es Vertrauen ins eigene Empfinden – Bauch, Herz, Intuition. Dieses leise innere Signal sollte man ernst nehmen, denn oft ist es der Funke, aus dem der Garten entsteht, sein eigentliches Zentrum. Hier war es der Regen. Aus ihm wuchs der Wunsch, Wasser zu nutzen, zu sammeln und weiterzuführen. Schönheit und Rücksicht sollten dabei Hand in Hand gehen, nicht im Wettbewerb, sondern als gleichwertige Partner.

Mit dieser Erkenntnis kehrte Hoffnung ein. Vor meinem inneren Auge erschienen grüne Triebe

und helles Frühlingslicht. Ich begann, das Potenzial dessen zu erkennen, was bereits da war, und mich an den Wegen zu orientieren, mit denen frühere Generationen ihre Außenräume geprägt hatten. Regeneration nennen wir das heute. Ein Ansatz, der lange unter dem Begriff „Nachhaltigkeit" lief. Einem Wort, das durch allzu häufigen Gebrauch und Greenwashing an Schärfe verloren hat. Nachhaltig bedeutet im Kern, etwas zu pflegen und fortzuführen. Für mich schwingt darin vor allem das Prinzip des Reparierens und Weiterverwendens mit. Was diesem Begriff jedoch oft fehlte, war ein klares Ziel, eine präzise Haltung. Regeneration fasst all das zusammen: Freundlichkeit, Fürsorge, Kontinuität, Achtsamkeit, Umsicht, Liebe – all das, was Gärtner ausmacht. Den Boden zu nähren, auf Chemie zu verzichten, mit dem Vorhandenen zu arbeiten und dabei Lebensräume sowie Nahrung zu schaffen. Genau darin liegt der Kern.

Diese Gedanken sollten wir im Hinterkopf behalten, wenn wir einen Garten betrachten, sei es ein kleines Stück Land, eine Öffnung im Pflaster vor der Haustür oder ein großes Gelände mit Bäumen und mehreren Hektar. Eine Bestandsaufnahme, dessen was vorhanden ist und das Verständnis, dass *was auch immer* als Gewinn betrachtet werden kann, bildet oft den ersten Schritt zu einer achtsamen Gestaltung. So entstehen Räume mit Bedeutung, Charakter und einer authentischen Atmosphäre.

Meine Gedanken schweiften ab zur Schönheit, die ich anderswo erlebt habe, zu der Erkenntnis, dass allein das Leiten von Wasser bereits eine faszinierende ingenieurhafte Leistung ist. Ich erinnerte mich an gepflasterte Rinnen von Montmartre, die sich durch die Straßen schlängeln, in denen Kinder spielen und planschen – Zweck *und* Vergnügen. Das gestalterische Prinzip war klar: Dieser Garten sollte den Regen nicht bekämpfen, sondern ihn annehmen, ihn feiern und aus einer vermeintlichen Unannehmlichkeit eine Qualität machen.

Dieser Garten entstand aus Linien, die den vorhandenen Hängen folgen. Regen fällt, wird zum Fluss, schließlich zum See – so einfach ist das Prinzip. Wasserspeier führen das Wasser aus einer Mauer aus lokalem Stein in ein oberes Becken; von dort schlängeln sich bewusst unregelmäßige Rinnen aus Granitpflaster talwärts, überzogen von einem schimmernden Wasserfilm, der zum Innehalten und Spielen verführt. Wie in einer natürlichen Landschaft tauchen die Wasserläufe auf und verschwinden wieder, lenken Wege, bilden kleine Brücken und führen schließlich in einen Teich am tiefsten Punkt des Gartens. Die geschwungene Geometrie wirkt hier nicht aufgesetzt, sondern spiegelt die bewaldeten Hänge der Umgebung. Hecken fassen den Raum und laden dazu ein, sich zwischen Wasser und Wegen zu bewegen – genau dafür, so empfinde ich es, ist ein Garten da.

Der Garten funktioniert das ganze Jahr über, trotz aller Wetterkapriolen. Gerade weil er sich ständig wandelt. Im Frühling ziehen die bodennah blühenden Zwiebeln den Blick nach unten und laden zur Nähe ein. An heißen Sommertagen wird der Ort spürbar kühl, und kaum jemand widersteht dem Impuls, einen Fuß in die Wasserläufe zu tauchen. Im Winter schließlich verwandeln Reif und Frost die bewusst stark strukturierten Immergrünen, Gräser und Samenstände in fast magische Erscheinungen. Die Farbpalette kühlt sich ab und spiegelt die Höhenstaffelung des Walddachs im Hintergrund wider.

Und zum Schluss noch das Wichtigste: Ich habe diesen Garten barrierefrei gestaltet. Manchmal schleiche ich noch immer inkognito vorbei und beobachte, wie Nutzer von Elektromobilen mühelos ihre Runden drehen, inklusive sauberer Dreipunktwenden. Ich beobachte, wie Kinder ihre Füße in die Kanäle und Bäche tauchen und dabei die Anweisungen ihrer Eltern ignorieren, dies nicht zu tun, wenn bei sengender Hitze Plantschen und Wettschwimmen von Stöcken angesagt sind. All das macht mich glücklich.

Diese Zusammenstellung aus Kugeln, niedrigen, bewegten Gräsern und aufrecht wachsenden Pflanzen macht deutlich, wie die bewusste Arbeit mit geometrischen Formen die Attraktivität eines Gartens über viele Jahreszeiten hinweg verlängern kann.

Mein Dank gilt jedem einzelnen Auftraggeber, die mir ihren Garten anvertraut haben. Danke dafür, dass ihr diesen Weg mit mir gegangen seid, mir erlaubt habt, Möglichkeiten auszuloten und an die Träume geglaubt habt. Ich liebe jeden einzelnen dieser Gärten und sie sind Wirklichkeit geworden durch euer Vertrauen, eure Hoffnungen – und durch all die unzähligen Tassen Tee. Wir haben das gemeinsam geschafft.

Keiner dieser Orte würde ohne die Gärtner und Landschaftsbauern existieren, die bei jedem Wetter unermüdlich arbeiten, um diese Träume zu erfüllen, und ohne all jene, die diese Gärten heute mit so viel Sorgfalt pflegen.

Ein besonderer Dank geht an David Austin Roses für all die Inspiration.

Stacee Lawrence, du hast die Geduld einer Heiligen und verdienst eigentlich einen Orden – danke, dass du mich so souverän durch den Lektoratsprozess dieses Buches geführt hast.

Naomi und Rosanna, ihr seid das beste Team, das ich mir wünschen könnte. Jeder Tag mit euch ist ein Privileg.

Kelly, Luisa und Helen, eure Geduld scheint grenzenlos.

Dieses Buch geht weit über die Frage hinaus, wie man einen Garten entwirft und es gab Momente, in denen ich mich fragte, wie ich all die unsichtbaren Fäden zusammenführen sollte: Andrew Fisher Tomlin, danke dir dafür, dass du Klarheit hineingebracht hast und mir der beste Zuhörer warst.

Möglichkeiten geben Gestaltern Raum zum Schaffen und Autoren Raum zum Schreiben. Ich habe in meinem Leben viele solcher Möglichkeiten erhalten und schätze jede einzelne davon. Von ganz am Anfang an gilt mein Dank auch meinen Grundschullehrerinnen und -lehrern, die das Träumen gefördert und meine Fantasie befeuert haben. Danke, dass ihr so getan habt, als würdet ihr mir glauben, selbst wenn ihr wusstet, dass meine kühnsten Geschichten unmöglich wahr sein konnten. Euch verdanke ich meine Liebe zum Schreiben.

Sir John Hale, Simon Pyle und Rosemary Alexander: Die Gärten, die ich heute gestalte, sehen so aus, weil ich von euch lernen durfte.

Und an meine Kinder, George und Cecilia: Wie immer danke ich euch dafür, dass ihr mich während der Arbeit an diesem Buch ertragen habt – eigentlich dafür, dass ihr mich während all der Jahre ertragen habt, in denen ich an diesen Gärten gearbeitet habe. Ich weiß, das fühlt sich für euch an wie für immer. Ihr seid großartig.

Und schließlich an meine Mutter und meinen Vater: Danke, dass ihr mich an die Magie von Orten herangeführt habt, für eure stetige Ermutigung und dafür, dass ihr mir jede denkbare Möglichkeit eröffnet habt. Möglichkeiten sind ein Geschenk, das man schätzen muss und ich weiß, wie glücklich ich mich schätzen darf.

Maria Bell: 224, 232

Camera Press Ltd / Alamy: 28 oben

Marianne Cartwright-Hignett: 190 alle

Ben Davies: 150, 153 unten, 154 oben, 154 unten, 156–57

Katy Donaldson: 17 oben, 17 unten links, 17 unten rechts, 20 links, 20 rechts, 76, 78, 79, 82 links, 99 alle, 180, 182 oben, 182 unten, 183 alle, 184, 185 links, 185 rechts

GAP Photos: 82 rechts

GAP Photos/Annie Green-Armytage: 81 oben, 83

GAP Photos/Marcus Harpur: 81 unten, 166, 168, 169, 170, 171 top, 171 unten

GAP Photos/Andrea Jones: 153 oben

GAP Photos/Joanna Kossak: 80

GAP Photos/Anna Omiotek-Tott: 155

Marcus Harpur: 214, 216, 218 alle, 219

Jason Ingram: Cover, 5, 52, 54, 55, 56, 57, 58 oben, 58 unten links, 58 unten rechts, 85, 86, 87, 88, 89 alle, 90–91, 93, 108, 110, 111 oben, 111 unten, 112, 113 alle, 115, 116, 117, 118 alle, 119 links, 119 rechts, 120–21, 192, 194 links, 194 rechts, 195, 196 alle, 197, 198, 199, 226, 227 links, 227 rechts, 228–29, 230 oben, 230 unten, 231, 233, 234, 236 alle, 237, 238–39, 240, 243, 245

Courtesy Jo Thompson Landscape & Garden Design: 48, 69, 152, 177 unten, 209

MMGI / Marianne Majerus: 60, 62, 63, 64, 65 alle

Clive Nichols: 186, 189 oben rechts, 189 unten

Will Scott Photography Ltd: 102, 104, 105, 106 oben, 106 unten, 107

Rachel Warne: 2, 6, 7 links, 7 rechts, 9, 10, 12–13, 15 links, 15 rechts, 18, 24–25, 26, 28 unten, 29, 30–31, 32, 33 links, 33 rechts, 34, 35, 36, 38–39, 40 links, 40 rechts, 41, 42 oben, 42 unten, 45, 46, 49, 50, 51, 66, 68, 71, 72, 73 oben, 74 unten, 74 links, 74 rechts, 75, 94, 96–97, 98 links, 98 rechts, 100–101, 122, 125, 126, 127, 128 top, 128 unten, 129, 130, 133, 134, 135 alel, 136, 138 alle, 140, 141, 142, 144–45, 146, 147, 149, 158, 160, 161 alle, 163, 164–65, 172, 175, 176, 177 oben, 178 links, 178 rechts, 179, 188 alle, 189 oben links, 200, 202 links, 202 rechts, 203, 204–5, 206, 208 oben, 208 unten, 210, 211, 213 alle, 220, 222 links, 222 rechts, 223 links, 223 rechts

IMPRESSUM

CALLWEY 1884

©2026 Callwey GmbH
Klenzestraße 36
80469 München
buch@callwey.de
Tel.: +49 89 8905080-0
www.callwey.de

Wir sehen uns auf Instagram:
www.instagram.com/callwey

1. Auflage 2026
ISBN: 978-3-7667-2896-8

Dieses Werk wurde ursprünglich in englischer Sprache unter dem Titel „The New Romantic Garden" von Rizzoli International Publications, New York, im Jahr 2025 veröffentlicht.

49 West 27th Street
New York, NY 10001
www.rizzoliusa.com

Dieses Buch wurde in CALLWEY-QUALITÄT für Sie hergestellt. Es wurde in Deutschland gedruckt und gebunden bei optimal Media, Röbel/Müritz.

Englische Ausgabe
Herausgeber: Charles Miers
Projektredaktion: Stacee Gravelle Lawrence
Design: Susan Evans, Design per se
Produktionsleitung: Alyn Evans
Redaktionsleitung: Lynn Scrabis

Deutsche Ausgabe
Übersetzung und Projektleitung: Delphina Júnior
Schlusskorrektorat: Judith Marnet
Herstellung: Oliver Meier
Satz: Isabelle Müller

Hinweis: Uns ist es ein Anliegen, dass sich alle Geschlechter wahrgenommen und wertgeschätzt fühlen. Im Sinne einer besseren Lesbarkeit der Texte verzichten wir jedoch auf die gleichzeitige Verwendung der Sprachformen männlich, weiblich und divers (m/w/d). Wo dies möglich ist, bemühen wir uns darum, alle Formen miteinzubeziehen, oder um neutrale Formulierungen. Sämtliche Personenbezeichnungen gelten gleichermaßen für alle Geschlechter.